中等职业教育机械类专业一体化规划教材

冲压模具制作

主　编　吕世国　谭永林

副主编　徐艳滕　杨巧玲
　　　　陈　李　祝平蕾

主　审　胡旭兰

U0321676

重庆大学出版社

内 容 提 要

本书根据中等职业教育"工学交替、理实一体"教学改革实践编写。教材由 3 个学习任务组成,包括十字架落料模的制作、工字形弯曲模的制作和侧孔 U 形级进模的制作。

本书可作为中等职业学校、技师学院中级工阶段和技工学校模具专业的教材,也可作为模具及相关制造企业模具技术工人的培训教材。

图书在版编目(CIP)数据

冲压模具制作/吕世国,谭永林主编. —重庆:重庆大学
出版社,2017.5
中等职业教育机械类系列教材
ISBN 978-7-5689-0521-3

Ⅰ.①冲… Ⅱ.①吕… ②谭… Ⅲ.①冲模—制模工艺—中等
专业学校—教材 Ⅳ.①TG385.2

中国版本图书馆 CIP 数据核字(2017)第 092379 号

冲压模具制作

主 编 吕世国 谭永林
副主编 徐艳滕 杨巧玲
陈 李 祝平蕾
主 审 胡旭兰
策划编辑:周 立

责任编辑:李定群 版式设计:周 立
责任校对:贾 梅 责任印制:赵 晟

*

重庆大学出版社出版发行
出版人:易树平
社址:重庆市沙坪坝区大学城西路 21 号
邮编:401331
电话:(023)88617190 88617185(中小学)
传真:(023)88617186 88617166
网址:http://www.cqup.com.cn
邮箱:fxk@cqup.com.cn(营销中心)
全国新华书店经销
重庆华林天美印务有限公司印刷

*

开本:787mm×1096mm 印张:10.5 字数:249 千
2017 年 6 月第 1 版 2017 年 6 月第 1 次印刷
印数:1—2 000
ISBN 978-7-5689-0521-3 定价:29.50 元

前 言

本书根据中等职业教育"工学交替、理实一体"教学改革实践编写。本书的编写尝试打破传统教材编写模式与学科知识体系,以岗位需求为导向,以技能培养为目标,以必需、够用为度,符合中等职业教育的特点和规律,强调学习内容与方法的可操作性。

本书根据任务驱动理念,以典型冲压模具及零件为载体,分学习任务逐次介绍了冲裁模、弯曲模和级进模的制作。每个学习任务均由3个学习活动组成,每个学习活动包括学习目标、活动描述、知识链接、学习实施、学习巩固及学习评价6个部分。学习内容由简到繁、由易到难,循序渐进。本书由3个学习任务组成,包括十字架落料模的制作、工字形弯曲模的制作和侧孔U形级进模的制作。通过本书的学习,使学生能够掌握冲裁模、弯曲模和级进模的结构和工作原理、模具零件加工以及模具装配与调试的知识和技能。

本书强调专业基础,按工作岗位需要的核心能力精心设计每个教学任务和教学活动,教学内容与国家职业技能鉴定规范及企业工作过程相结合;以典型模具及零件制作为载体,精心设计引导问题,使模具专业知识与模具制作技能有机融合;突出理论实操一体化的教学原则:理论知识部分尽量选用图片、照片等,避免繁文缛节的文字,以创设或再现工作岗位情境,激发学生的学习兴趣;操作技能部分力求步骤清晰,符合学生的认知规律,可操作性强。

本教材的教学时数为280学时,参考教学课时见下面的课时分配表。

项目/任务	总学时
学习任务1　十字架落料模的制作	98
学习任务2　工字形弯曲模的制作	84
学习任务3　侧孔U形级进模的制作	98
合　计	280

本书可作为中等职业学校、技师学院中级工阶段和技工学校模具专业的教材,也可作为模具及相关制造企业模具技术工人的培训教材。

本书由中山市技师学院吕世国、谭永林任主编;中山市技师学院徐艳滕、山东省民族中等专业学校杨巧玲、中山市技师学院陈李、祝平蕾任副主编;中山市技师学院胡旭兰任主审。

感谢上海润品工贸有限公司在本书编写过程中给予的各种支持与帮助。

由于编者水平有限,书中难免疏漏和不足之处,敬请读者批评指正。

编　者

2016 年 6 月

目 录

十字架落料模的制作

学习目标

知识点:

- 了解落料模的概念和分类。
- 理解落料模的结构组成和工作原理。
- 理解落料和冲孔的区别。
- 了解排样的概念及分类。
- 理解搭边的概念及确定方法。
- 理解冲裁间隙的概念。
- 理解模具制造工艺的概念及特点。
- 理解模具制造的工艺流程。
- 了解落料模零件加工的工艺规程。
- 理解模具制造车间的安全文明生产要求。
- 理解落料模的装配顺序和步骤。
- 理解冲压模具的安装要求。
- 理解冲压模安装前的准备工作。

技能点:

- 熟悉落料模结构零部件的名称及作用。
- 会分析落料模零件图。
- 会选择合适的加工工艺方法加工落料模零件。
- 会操作模具零件的加工设备。
- 会正确利用测量工具检测落料模零件。
- 会正确使用冲压模装配的常用工具。
- 会正确装配落料模。
- 能在冲床上正确安装、调试落料模。

建议学时

- 100 学时。

1

工作流程与活动

◆ 学习活动 1.1：十字架落料模的结构和工作原理。
◆ 学习活动 1.2：十字架落料模的加工。
◆ 学习活动 1.3：十字架落料模的装配与调试。

任务描述

　　接某五金厂的订单，需加工如图 1-1 所示的十字垫板 100 000 件，加工费 0.05 元/件，工期 15 天。如采用传统的机加工方法加工，生产效率低，加工成本高，不能够实现批量生产，故考虑采用落料模进行冲裁落料加工。

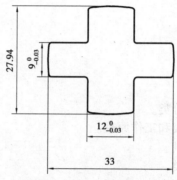

图 1-1　十字垫板零件图

　　落料加工该十字垫板零件的十字架落料模装配图如图 1-2 所示。需先制作该落料模，为批量落料加工该十字垫板零件作好准备。

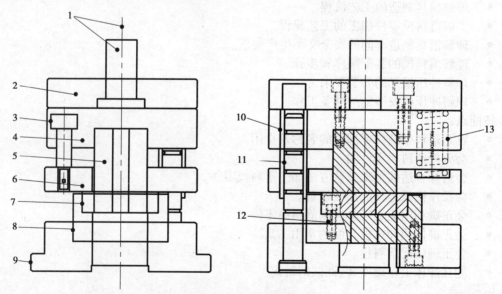

图 1-2　十字架落料模装配图

1—模柄；2—上模座；3—限位螺钉；4—凸模固定板；5—凸模；6—卸料板；7—凹模；
8—凹模固定板；9—下模座；10—导套；11—导柱；12—内六角螺钉；13—弹簧

学习活动 1.1　十字架落料模的结构和工作原理

 学习目标

知识点：

- 了解落料模的概念和分类。
- 理解落料模的结构组成和工作原理。
- 理解落料和冲孔的区别。
- 了解排样的概念及分类。
- 理解搭边的概念及确定方法。
- 理解冲裁间隙的概念。

技能点：

- 熟悉落料模结构零部件的名称及作用。

 活动描述

本学习活动是要了解和掌握十字架落料模的结构和工作原理。通过本学习活动的学习，能够掌握十字架落料模的结构和工作原理。

 知识链接

1.1.1　落料模的概念

落料模是在板材上冲裁制件或毛坯的冲压模具。落料是使板料沿着一定的轮廓形状产生分离的一种冲压工序。冲下的是所需产品或是为后期弯曲、拉深、成形和冷挤压等加工工序所准备的毛坯。

1.1.2　落料和冲孔的区别

落料和冲孔的区别见表 1-1-1。

表 1-1-1　落料和冲孔的区别

类别	相同点	不同点	图　示
落料	落料和冲孔是使坯料分离的工序。落料和冲孔的过程完全一样,只是用途不同	落料时,被分离的部分是成品,剩下的周边是废料	成品　废料
冲孔		冲孔则是为了获得孔,被冲孔的板料是成品,而被分离部分是废料	废料　成品

1.1.3　落料模的分类

落料模分类见表 1-1-2。

表 1-1-2　落料模分类

序号	分　类	图　示	结　构
1	无导向落料模	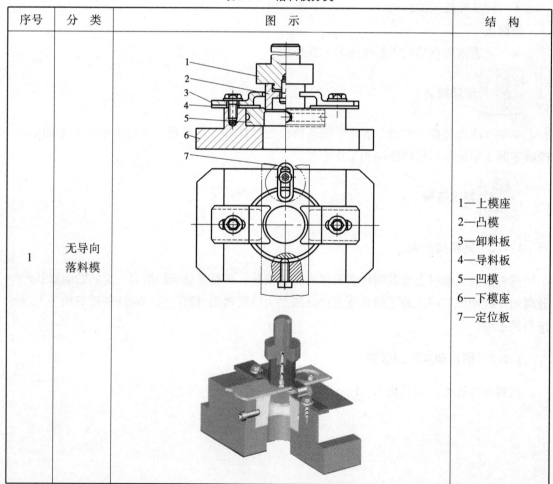	1—上模座 2—凸模 3—卸料板 4—导料板 5—凹模 6—下模座 7—定位板

续表

序号	分类	图　示	结　构
2	有导向落料模	导板式落料模 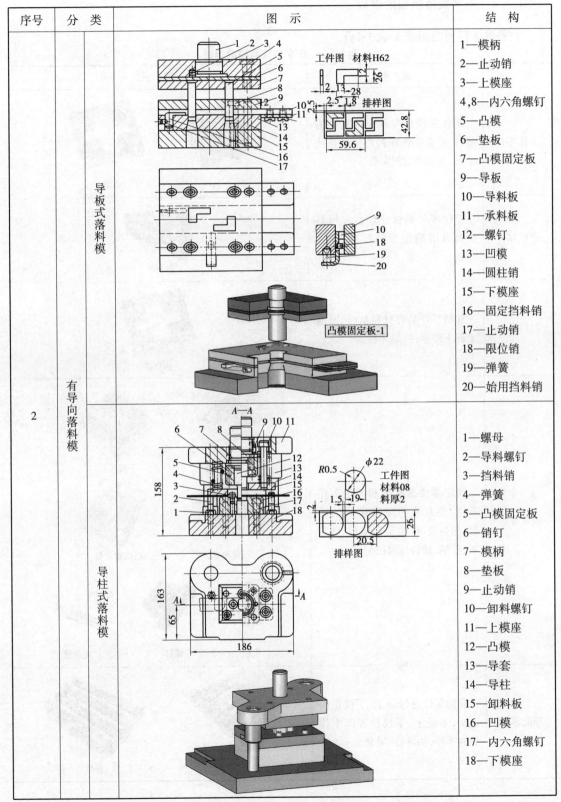	1—模柄 2—止动销 3—上模座 4,8—内六角螺钉 5—凸模 6—垫板 7—凸模固定板 9—导板 10—导料板 11—承料板 12—螺钉 13—凹模 14—圆柱销 15—下模座 16—固定挡料销 17—止动销 18—限位销 19—弹簧 20—始用挡料销
		导柱式落料模	1—螺母 2—导料螺钉 3—挡料销 4—弹簧 5—凸模固定板 6—销钉 7—模柄 8—垫板 9—止动销 10—卸料螺钉 11—上模座 12—凸模 13—导套 14—导柱 15—卸料板 16—凹模 17—内六角螺钉 18—下模座

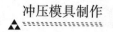
1.1.4　十字架落料模的组成

十字架落料模的组成见表 1-1-3。

表 1-1-3　十字架落料模的组成

名　称	说　明	图　示
工作零件	工作零件是模具中最重要的零件,它直接使坯料产生分离或变形,如凸模、凹模等	凸模　　凹模
定位零件	定位零件是保证坯料在模具中具有准确位置的零件,如导正销	导正销
卸料零件	卸料零件是将材料从凸、凹模上卸下的零件,如卸料板	卸料板
固定零件	固定零件是联接和固定工作零件,使其成为完整模具的零件,包括模座(模架)、垫板、固定板、模柄、螺钉、圆柱销等	上模座　　下模座 凸模垫板　　凸模固定板 模柄　　螺钉　　定位销
导向零件	导向零件是保证上、下模正确运动,不使上、下模位置产生位移的零件,如导柱、导套等	导套　　导柱

1.1.5　排样

排样是指冲裁件在条料、带料或板料上的布置方法。合理的排样和选择适当的搭边值是降低成本、保证工件质量及延长模具寿命的有效措施。根据材料的利用情况,排样的分类方法见表1-1-4。

表1-1-4　排样的分类方法

序号	种　类	特　点	图　示
1	有废料排样	冲裁件尺寸完全由模具来保证,因此冲裁件精度高,模具使用寿命也长,但材料利用率低	搭边　制作间距　结构废料　制件
2	少废料排样	因受剪裁条料质量和定位误差的影响,其冲裁件质量稍差,同时边缘毛刺被凸模带入间隙也影响模具的使用寿命,但材料利用率稍高,模具结构简单	结构废料　制件间距　制件　工艺废料
3	无废料排样	冲裁件的质量和模具使用寿命更差一些,但材料利用率最高。当进距为2倍零件时,一次切断可获得两个冲裁件,有利于提高劳动生产率	凸模　结构废料

1.1.6　搭边

搭边是排样时工件之间以及工件与条料侧边之间留下的工艺废料。搭边的作用是补偿条料的定位误差,保证冲出合格的工件。搭边还可保持条料有一定的刚度,便于送料。搭边的表示方法如图1-1-1所示。其中,a,a_1是搭边,其取值与材料厚度有关。

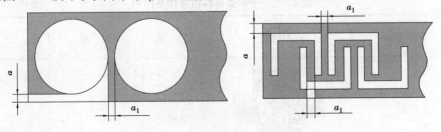

图1-1-1　搭边的表示方法

搭边值实际大小由模具定位元件决定,搭边值过大,材料利用率低;搭边值过小,将材料拉断,制件产生毛刺,同时材料挤入凹、凸模中间,损坏刃口,降低模具寿命。根据板料厚度及送料方式不同,搭边的数值见表1-1-5。

表1-1-5 搭边的数值

料　厚	手送料						自动送料	
	圆　形		非圆形		往复送料			
	a	a_1	a	a_1	a	a_1	a	a_1
~1	1.5	1.5	2	1.5	3	2		
>1~2	2	1.5	2.5	2	3.5	2.5	3	2
>2~3	2.5	2	3	2.5	4	2.5		
>3~4	3	2.5	3.5	3	5	4	4	3
>4~5	4	3	4	4	6	5	5	4
>5~6	5	4	6	5	7	6	6	5
>6~8	6	5	7	6	8	7	7	6
8以上	7	6	8	7	9	8	8	7

1.1.7 冲裁间隙

冲裁间隙是指冲裁模的凸模与凹模刃口之间的间隙。它分为单边间隙和双边间隙。凸模与凹模间每侧的间隙称为单边间隙,两侧间隙之和称为双边间隙。如无特殊说明,冲裁间隙就是指双边间隙。冲裁间隙的表示方法如图1-1-2所示。其中,Z表示双边间隙,$Z/2$表示单边间隙 。

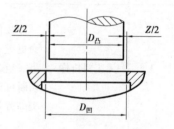

图1-1-2 冲裁间隙表示方法

学习实施

（1）十字架落料模零部件及其作用

十字架落料模零部件及其作用见表1-1-6。

表1-1-6 十字架落料模零件及作用

零件编号	零件名称	3D图	材　质	作　用	备　注
0	产品		0.3 mm厚铝板		

零件编号	零件名称	3D 图	材 质	作 用	备 注
1	上模座		45#	与冲压机运动部分固定	侧面开设码模槽
2	凸模固定板固定螺钉		45#	联接凸模固定板和上模座	
3	导套		45#	相互配合,对模具进行导向	
4	导柱		SUJ2		
5	下模座		45#	与冲压机的工作台面固定	侧面开设码模槽
6	凹模固定板		45#	用于安装凹模	一般都采用组合式,方便更换
7	凹模固定板固定螺钉		45#	联接凹模固定板和下模座	

续表

零件编号	零件名称	3D图	材质	作用	备注
8	凹模固定板定位销		SUJ2	安装螺钉之前,对凹模固定板先进行定位	
9	凸模固定板		HT300	用于安装凸模	一般都采用组合式,方便更换
10	卸料件弹簧		65Mn	提供弹力给卸料件	
11	凸模固定螺钉		45#	联接凸模和凸模固定板	
12	卸料板		45#	把产品从凸模上卸下来	设计时,要估算顶出力和卸料力
13	凹模		45#	与凸模相互配合,形成所需产品的形状	冲压时,两者需承受较大冲压力,应满足其强度和刚度的要求

零件编号	零件名称	3D 图	材　质	作　用	备　注
14	凹模固定螺钉		45#	联接凹模和凹模固定板	
15	凸模		45#	功能与凹模一样	
16	限位螺钉		45#	限制卸料板的运动距离	
17	模柄		45#	联接模具和压力机	

（2）十字架落料模的运动原理

十字架落料模的运动原理见表 1-1-7。

表 1-1-7　落料模的运动原理

模具状态	运动过程		
	状态	状态图	运动原理
合模	初始状态		模具安装在冲压机上,处于开模状态,等待冲压(实际过程中,凹凸模间距不会很大)

续表

模具状态	运动过程		
	状态	状态图	运动原理
合模	放入材料		把冲压材料放入模具中
合模	凸模部分开始运动		在冲压成形机的作用下,凸模部分开始随着冲床往下运动
	卸料板停止		凸模部分继续往下运动,直至碰到板料后,停止运动
	凸模相关部件开始运动		卸料板停止运动后,凸模部分继续往下运动;聚氨酯弹簧进一步被压缩

续表

模具状态	运动过程		
	状态	状态图	运动原理
	凸模部分停止	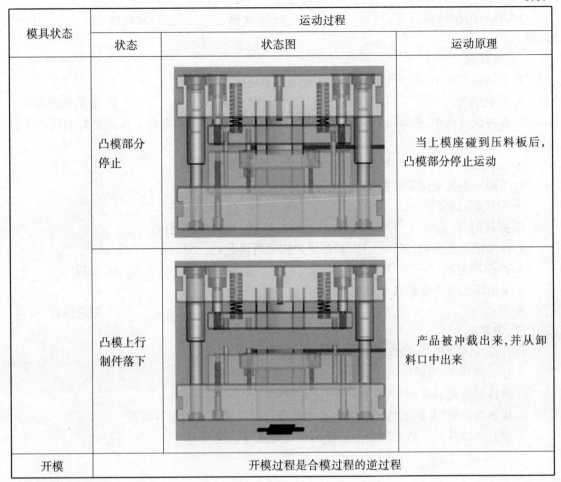	当上模座碰到压料板后,凸模部分停止运动
	凸模上行制件落下		产品被冲裁出来,并从卸料口中出来
开模	开模过程是合模过程的逆过程		

 学习巩固

一、填空题

1. 从广义来说,利用冲模使材料_____的工序称为冲裁。它包括冲孔、落料、切断及修边等工序。但一般来说,冲裁工艺主要是指_____和_____工序。

2. 冲裁后,冲裁封闭曲线以内的部分为制件称为_____,冲裁封闭曲线以外的部分为制件称为_____。

3. 在冲压成形中,条料在模具上每次送进的距离称为_____。

4. 工作零件是模具中最重要的零件,它直接_____,如凸模、凹模等。

5. 卸料零件是_____的零件,如卸料板。

6. 搭边是_____留下的工艺废料。

7. 搭边的作用是_____,保证冲出合格的工件。搭边还可保持条料有一定的刚度,便于送料。

8. 冲裁间隙是指_____。它分为单边间隙和双边间隙。

9. 冲裁排样的方法有_____排样法、_____排样法和_____排样法。

10. 落料模按导向方式,可分为_____的冲裁模、_____的冲裁模和_____的冲裁模。

二、选择题

1. 在冲裁工艺中,对于断面质量起决定作用的是(   )。

A. 冲裁间隙   B. 材料性质   C. 冲裁力   D. 模具制造精度

2. 在冲裁过程中,能保证凸模与凹模之间间隙均匀,保证模具各部分保持良好的运动状态作用的零件是(   )。

A. 定位板   B. 卸料板   C. 导柱   D. 上模座板

3. 下面一组是定位零件的是(   )。

A. 定位板、固定板   B. 螺钉、定距侧刃

C. 挡料销、导正销   D. 导料板、卸料板

4. 冷冲模上模座通过(   )安装在压力机的滑块上。

A. 凸模固定板   B. 模柄   C. 导柱   D. 垫板

5. 下面哪个零件在模具上起到导向作用?(   )

A. 导柱   B. 固定螺钉   C. 销钉   D. 限位螺钉

三、简答题

1. 在设计冲裁模时,确定冲裁间隙的原则是什么?

2. 什么叫排样? 排样的合理与否对冲裁工作有何意义?

3. 排样的方式有哪些? 它们各有何优缺点?

4. 板料冲裁时,其断面特征怎样? 影响冲裁件断面质量的因素有哪些?

5. 提高冲裁件尺寸精度和断面质量的有效措施有哪些?

 学习评价

学习评价自评表

班级		姓名		学号		日期	年　月　日		
评价指标	评价要素			权重		等级评定			
						A	B	C	D
信息检索	能有效利用网络资源、工作手册查找有效信息			5%					
	能用自己的语言有条理地去解释、表述所学知识			5%					
	能将查找到的信息有效转换到工作中			5%					
感知工作	是否熟悉你的工作岗位,认同工作价值			5%					
	在工作中,是否获得满足感			5%					
参与状态	与教师、同学之间是否相互尊重、理解、平等			5%					
	与教师、同学之间是否能够保持多向、丰富、适宜的信息交流			5%					
	探究学习,自主学习不流于形式,处理好合作学习和独立思考的关系,做到有效学习			5%					
	能提出有意义的问题或能发表个人见解;能按要求正确操作;能够倾听、协作分享			5%					
	积极参与,在产品加工过程中不断学习,综合运用信息技术的能力提高很大			5%					
学习方法	工作计划、操作技能是否符合规范要求			5%					
	是否获得了进一步发展的能力			5%					
工作过程	遵守管理规程,操作过程符合现场管理要求			5%					
	平时上课的出勤情况和每天完成工作任务情况			5%					
	善于多角度思考问题,能主动发现、提出有价值的问题			5%					
思维状态	是否能发现问题、提出问题、分析问题、解决问题、创新问题			5%					
自评反馈	按时按质完成工作任务			5%					
	较好地掌握了专业知识点			5%					
	具有较强的信息分析能力和理解能力			5%					
	具有较为全面、严谨的思维能力,并能条理明晰、表述成文			5%					
自评等级									
有益的经验和做法									
总结反思建议									

等级评定:A. 好　　B. 较好　　C. 一般　　D. 有待提高

学习活动 1.2　十字架落料模零件的加工

学习目标

知识点：

- 理解模具制造工艺的概念及特点。
- 理解模具制造的工艺流程。
- 了解落料模零件加工的工艺规程。
- 理解模具制造车间的安全文明生产要求。

技能点：

- 会分析落料模零件图。
- 会选择合适的加工工艺方法加工落料模零件。
- 会操作模具零件的加工设备。
- 会正确利用测量工具检测落料模零件。

活动描述

本学习活动是以冲裁 0.3 mm 厚铝件、教学培训用铝制模架的落料模制作为例,对落料模各零部件进行加工。通过本学习活动的学习,掌握零件图的识读及模具零件加工工艺分析,重点掌握模具零件的加工方法。

知识链接

1.2.1　模具制造工艺的概念及其特点

模具制造工艺就是利用不同的加工方法,改变毛坯的形状、尺寸和表面质量等,使之成为合格的模具零件。

模具制造工艺的特点如下：

①制造周期短。

②制造质量要求高。

③模具结构不确定。

④材料要求高。

1.2.2　模具的生产过程

模具的生产过程是指由模具制造合同签订开始,到模具试模、验收、交付使用的全部过程。模具的生产流程可分为 5 个阶段:生产技术准备,材料的准备,模具零、组件的加工,装配调试,以及试用鉴定。

1.2.3　工艺过程卡及其识读

工艺过程卡一般以工序为单元,以表格的形式,简要说明模具零件生产加工的过程。

工序是指由一个或一组工人,在一个工作地点对同一个或同时对多个零件进行加工,所连续完成的那一部分工艺过程。

某十字架落料模上模板零件图如图 1-2-1 所示。其加工工艺过程卡见表 1-2-1。

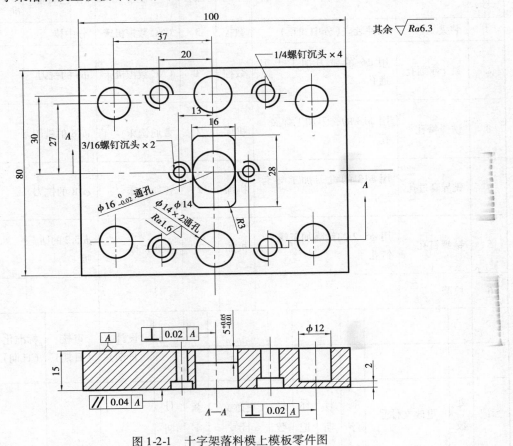

图 1-2-1　十字架落料模上模板零件图

工艺过程卡识读步骤如下:

(1)读表头

通过识读表头,可了解该零件的材料为 Cr12,毛坯尺寸为 100 mm×80 mm×12 mm,生产数量为 1 件。

(2)识读零件图

零件图是零件的加工依据,根据零件图可制订出零件的加工工序,并确定应采用的加工方法。

(3)识读工序内容

制造该零件需经过 6 道工序,在工序内容里,对每道工序都进行了简要说明,如工序号、工序名称、工序内容、车间、工段、设备、工艺装备及工时等。

表 1-2-1 十字架落料模上模板制造工艺过程卡

工艺过程卡								(零件图)
零件名称	十字架落料模卸料板		模具编号	ZSJSCM-005	零件编号	03		
材料名称	Cr12		毛坯尺寸	100×80×12	件数	1		
工序号	工序名称	工序内容	车间	工段	设备	工艺装备	工 时	
							准终	单件
1	装夹	工件装夹(分中找正)	数控	3	CNC 数控机床	分中棒		
2	铣十字通孔	用 $\phi6$ 的铣刀加工十字通孔	数控	3	CNC 数控机床	$\phi6$ 的铣刀		
3	铣弹簧孔	用 $\phi18$ 的铣刀加工弹簧孔	机加	2	普通铣床	$\phi18$ 的铣刀		
4	铣导套过孔	用 $\phi18$ 的铣刀加工导套过孔	机加	2	普通铣床	$\phi18$ 的铣刀		
5	钻螺钉孔	用 $\phi5.2$ 的钻嘴加工螺钉孔	机加	2	普通铣床	$\phi5.2$ 的钻嘴		
6	检测							
					设计 (日期)	审核 (日期)	标准化 (日期)	会签 (日期)
标记	处数	更改文件号	签字	日期	标记	处数	更改文件号	签字	日期

1.2.4 工序卡及其识读

某塑料瓶盖模具定模板加工工序卡片见表 1-2-2。

表1-2-2　塑料瓶盖模具定模模板加工工序卡片

×××学校	机械加工工序卡片	产品型号	SLPG	零件图号		共19页
		产品名称	塑料瓶盖模具	零件名称	塑料瓶盖模板	第4页

零件图号	SLPG-01	材料牌号	45#
零件名称	定模板		
车间	金工	工序号	40	工序名称	钻孔	每台件数	1

毛坯种类	锻件	毛坯外形尺寸	320×255×65	每毛坯件数	1	同时加工件数	1
设备名称	普通钻床	设备型号		设备编号		冷却液	
夹具编号		夹具名称	台虎钳				

工步号	工步内容	刀具名称及编号	量具名称及编号	主轴转速 转/分	切削速度 /(m·min⁻¹)	走刀量 /(mm·r⁻¹)	吃刀深度 /mm	走刀次数	单件工时定额	
									机动 min	辅助 min
1	钻6×φ20的通孔	φ20钻头	0~300/0.02	1432	45	0.3	4.9	1		0.35

编制 (日期)	校对 (日期)	会签 (日期)	标准化 (日期)	审核 (日期)

标志	处数	更改文件号	签字	日期	标志	处数	更改文件号	签字	日期

装订号

　　工序卡是以工步为单位,根据工序及其内容编制成表格的工艺文件。

　　工步是指在加工表面和加工工具不变的情况下所连续完成的一部分工序。一个工序可能分为几个工步,也可能只有一个工步。

　　工序卡识读步骤如下:

　　(1)标题区

　　主要有工件名、号、工序名、号、所属产品部件名、号、毛坯种类、材料和热处理。通过表1-2-2可知,本工序卡是塑料瓶盖模具定模板的第4道工序,工序内容为钻孔,定模板使用材料为45#,尺寸为 320 mm × 255 mm × 65 mm。

　　(2)设备区

　　主要是使用的机床、夹具、辅助材料、冷却液、工时定额、操作工人等级等。本工序卡所使用的设备是普通钻床,夹具是台虎钳。

　　(3)工序图区

　　主要是加工位置、加工表面、加工尺寸及精度等。

　　(4)内容区

　　主要是每一工步的相关内容。工序卡中共有1个工步,工步都制订了简要的工艺要求,同时还给出了加工时的参考工艺参数(如主轴转速、切削速度、走刀量、吃刀深度及走刀次数等)。

1.2.5　模具制造车间安全操作规程

　　①职工上岗必须进行安全教育和设备操作培训,并做到熟悉车床等各设备的性能、操作程序和维护保养知识。

　　②操作人员进入生产厂区,必须穿工作服、劳保鞋,佩戴安全帽,严禁穿戴不符合安全要求的衣物进入生产岗位,严禁酒后上岗。

　　③工作前对设备进行加油润滑保养,加油部位要按设备说明进行,严禁设备无油工作,严禁设备出现跑、冒、滴、漏现象。

　　④车床工作前要检查各电器开关,操作按钮是否安全灵敏正常。开机后,检查各齿轮箱及走刀传动机构是否运转正常。严禁设备带病上岗。

　　⑤如设备发生故障,应立即停机切断电源,及时汇报维修部。检修过程中,必须在断电开关及操作台前悬挂警告提示标牌。

　　⑥职工在工作前必须首先检查各类工卡量具是否准确,产品工艺图纸是否正确,严格按照生产工艺、质量标准进行操作生产。

　　⑦车床的导轨、拖板、床头、尾座等地方不得放置工卡量具及产品零件,以免造成损坏影响设备精度。

　　⑧卡盘装夹零件要牢靠,对于不规则零件要用专用夹具加以保护后方可加工,以免造成设备或刀具损坏的现象。

　　⑨加工过程中,不得用手或其他物件接触旋转的主轴或清除刀具上铁屑等工作,必须停机后方可清理。

　　⑩设备周围不得放置产品及其他杂物,加工铁屑及时清理,以免造成设备磕碰损坏或主轴缠绕发生危险。

⑪车床运转加工过程中,不准闲聊,不准脱岗,不准串岗,不准睡岗,不准坐着工作,以免发生意外造成设备损坏及人员伤害。

⑫工作完成后,必须认真填写交接班记录,关闭电源,保养设备,清理好工作现场,整齐存放产品,确保道路畅通,做好车间文明生产。

学习实施

(1)制件分析

某十字架零件如图 1-2-2 所示。材料为铝,厚度为 0.3 mm,采用冲裁落料加工。其工艺分析见表 1-2-3。

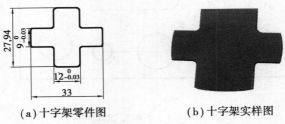

(a)十字架零件图　　　　　　(b)十字架实样图

图 1-2-2　十字架制件图

表 1-2-3　十字架冲裁落料工艺分析

项　目	工艺分析
零件形状和尺寸	本零件为一落料零件,形状简单,外形及尺寸的工艺性较好。因工件的形状左右对称但四周有余量,故采用有废料排样的方式
零件精度	冲裁件精度按 GB/T 1804-m
零件材料	该冲裁件为铝件,厚度为 0.3 mm,具有良好的可冲压性能

(2)模具零件的加工工艺分析及加工

1)上模座板

①零件图分析

上模座零件图如图 1-2-3 所示。

上模座为模架的一个组成部分。零件材料为铝板,便于机械加工,主要是周边、上下表面和孔的加工。

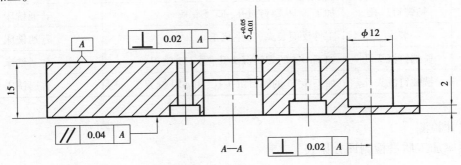

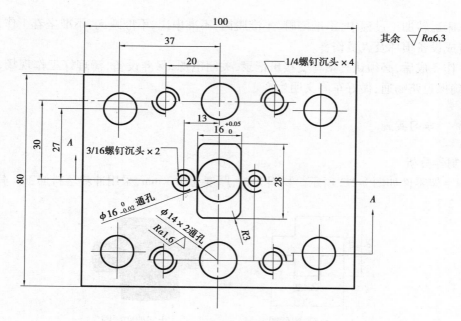

图 1-2-3　上模座零件图

②加工工艺分析

上模座加工工艺见表 1-2-4。

表 1-2-4　上模座加工工艺

工序号	工序名称	工序内容	设　备
1	下料	板材下料 110×90×18	锯床
2	装夹	工件装夹	普通铣床
3	铣、磨削	铣、磨六面,控制尺寸 100×80×15	普通铣床
4	装夹	工件装夹(分中找正)	普通铣床
5	铣模柄槽	加工模柄槽:φ10 铣刀(粗),φ6 铣刀(精)	普通铣床
6	钻模柄孔	加工模柄通孔:φ15.8 钻嘴,φ16 铰刀	普通铣床
7	钻通孔	加工通孔:φ14 钻嘴	普通铣床
8	钻、铣平底孔	加工平底孔:φ8 钻嘴,φ12 铣刀	普通铣床
9	钻螺钉过孔	加工 1/4 螺钉过孔:φ8 钻嘴	普通铣床
10	钻螺钉过孔	加工 3/16 螺钉过孔:φ5.5 钻嘴	普通铣床
11	装夹	工件反面装夹(分中找正)	普通铣床
12	铣螺钉沉头孔	加工 1/4 的螺钉沉头孔:用 φ11 铣刀	普通铣床
13	铣螺钉沉头孔	加工 3/16 的螺钉沉头孔:用 φ10 铣刀	普通铣床

③尺寸检测

上模座加工质量检测评分见表 1-2-5。

表 1-2-5　零件加工质量检测评分表

姓名			学号			产品名称	十字架落料模	
班级						零件名称	上模座	
名称	序号	检测项目		配　分	评分标准	检测结果	扣分	得分
上模座板	1	$100 \times 80 \times 15$			8分			
	2	6 处:30			6分			
	3	4 处:27			8分			
	4	4 处:20			8分			
	5	4 处:37		按标注公差检验,未标注公差范围的取 $-0.02 \sim +0.02$,在公差值范围内满分,公差范围外0分	8分			
	6	两处:3/16 螺钉沉头			4分			
	7	4 处:1/4 螺钉沉头			8分			
	8	两处:$\phi 14$ 通孔			4分			
	9	$16^{+0.05}_{0}$			6分			
	10	$\phi 16^{0}_{-0.02}$通孔			6分			
	11	$5^{+0.05}_{-0.01}$			6分			
	12	4 处:$\phi 12$			8分			
	13	28			4分			
	14	两处:13			4分			
	15	4 处:$R3$			8分			
	16	2			4分			
其他	违反安全文明生产有关规定,酌情扣 2 ~ 10 分;出现重大安全事故按零分处理							
总分			教师签名			时间		

2)凸模固定板

①零件图分析

凸模固定板零件图如图 1-2-4 所示。

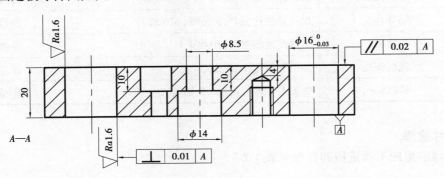

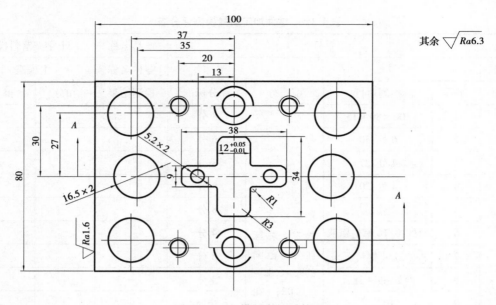

图 1-2-4　凸模固定板零件图

凸模固定板是将凸模固定在正确位置的零件。零件材料为铝板,便于机械加工。先铣削外形尺寸,再按图铣削型孔,最后铣螺钉孔及销钉孔。

②加工工艺分析

凸模固定板加工工艺见表 1-2-6。

表 1-2-6　凸模固定板加工工艺

工序号	工序名称	工序内容	设　备
1	下料	板材下料 110×90×23	锯床
2	装夹	工件装夹	普通铣床
3	铣削、磨削	铣、磨六面,控制尺寸 100×80×20	普通铣床
4	装夹	工件装夹(分中找正)	普通铣床
5	铣凸模固定槽	加工凸模固定槽:φ8(粗),φ6 铣刀(精)	普通铣床
6	钻凸模固定螺钉孔	加工凸模固定螺钉孔:φ5.2 钻嘴	普通铣床
7	钻通孔	加工通孔:φ16.5 钻嘴	普通铣床
8	钻螺钉过孔	加工螺钉过孔:φ8.5 钻嘴	普通铣床
9	钻导柱孔	加工导柱孔:φ15.8 钻嘴,φ16 铰刀	普通铣床
10	装夹	工件反面装夹(分中找正)	普通铣床
11	铣沉头孔	加工沉头孔:φ14 铣刀	普通铣床
12	钻螺钉孔	加工 1/4 螺钉孔:φ5.2 钻嘴,1/4 攻牙	普通铣床

③尺寸检测

凸模固定板加工质量检测评分见表 1-2-7。

检测评分表

姓名			学			产品名称	十字架落料模	
班级						零件名称	凸模固定板	
名称	序号	检测项目			评分标准	检测结果	扣分	得分
凸模固定板	1	$100 \times 80 \times 20$			8分			
	2	两处:30			4分			
	3	4处:27			8分			
	4	4处:37			8分			
	5	两处:35			4分			
	6	两处:ϕ16.5			4分			
	7	4处:1/4 螺钉			8分			
	8	两处:ϕ5.2		按标注公差检验,未标注公差范围的取 $-0.1 \sim +0.1$,在公差值范围内满分,公差范围外0分	4分			
	9	4处:20			8分			
	10	两处:13			4分			
	11	38			2分			
	12	34			2分			
	13	$\phi 9^{+0.05}_{0}$			4分			
	14	4处:$R1$			4分			
	15	8处:$R3$			4分			
	16	$\phi 12^{+0.05}_{0}$			4分			
	17	两处:ϕ8.5			4分			
	18	两处:ϕ14			4分			
	19	4处:$\phi 16^{0}_{-0.03}$			4分			
	20	两处:10			4分			
	21	4处:4			4分			
其他	违反安全文明生产有关规定,酌情扣 $2 \sim 10$ 分;出现重大安全事故按零分处理							
总分			教师签名				时间	

3)凹模固定板

①零件图分析

凹模固定板零件图如图 1-2-5 所示。

凹模固定板是固定凹模的零件。零件材料为铝板,便于机械加工。先铣削外形尺寸,再按图铣削型孔,最后铣螺钉孔及销钉孔。

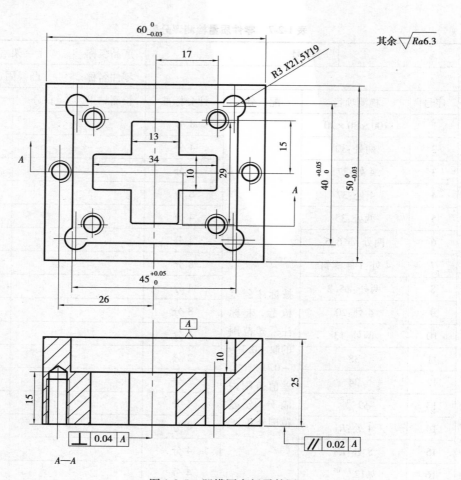

图 1-2-5 凹模固定板零件图

②加工工艺

凹模固定板加工工艺见表 1-2-8。

表 1-2-8 凹模固定板加工工艺

工序号	工序名称	工序内容	设 备
1	下料	板材下料 70×60×28	锯床
2	装夹	工件装夹	普通铣床
3	铣、磨削	铣、磨六面,控制尺寸 60×50×25	普通铣床
4	装夹	工件装夹(分中找正)	普通铣床
5	铣十字通孔	加工十字通孔:φ8(粗),φ6 铣刀(精)	普通铣床
6	铣凹模固定槽	加工凹模固定槽:φ8(粗),φ6 铣刀(精)	普通铣床
7	钻螺钉孔	加工 3/16 螺钉孔:φ4.2 钻嘴;3/16 攻牙	普通铣床
8	装夹	工件反面装夹(分中找正)	普通铣床
9	钻螺钉孔	加工 3/16 螺钉孔:φ4.2 钻嘴;3/16 攻牙	普通铣床

③尺寸检测

凹模固定板加工质量检测评分见表1-2-9。

表1-2-9 零件质量检测评分表

姓名			学号			产品名称	十字架落料模	
班级						零件名称	凹模固定板	
名称	序号	检测项目	配 分		评分标准	检测结果	扣分	得分
凹模固定板	1	$60 \times 50 \times 25$		4分	按标注公差检验,未标注公差范围的取$-0.1 \sim +0.1$,在公差值范围内满分,公差范围外0分			
	2	$60_{-0.03}^{0}$		8分				
	3	$50_{-0.03}^{0}$		8分				
	4	$40_{0}^{+0.05}$		8分				
	5	$45_{0}^{+0.05}$		8分				
	6	4处:3/16螺钉		8分				
	7	4处:15		8分				
	8	13		4分				
	9	34		4分				
	10	29		4分				
	11	10		4分				
	12	40		4分				
	13	26		4分				
	14	两处:15		6分				
	15	4处:R3		6分				
	16	17		4分				
	17	25		4分				
	18	10		4分				
其他	违反安全文明生产有关规定,酌情扣$2 \sim 10$分;出现重大安全事故按零分处理							
总分			教师签名				时间	

4)下模座

①零件图分析

下模座零件图如图1-2-6所示。

下模座是固定、支承的零件,将下模部分固定在冲床平台上。材料为铝板,铣削外形尺寸,再钻销钉孔及落料孔。

②加工工艺分析

下模座加工工艺见表1-2-10。

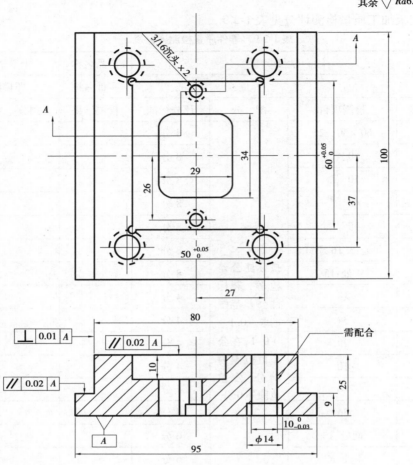

图 1-2-6 下模座零件图

表 1-2-10 下模座加工工艺

工序号	工序名称	工序内容	设 备
1	下料	板材下料 110×105×28	锯床
2	装夹	工件装夹	普通铣床
3	铣削、磨削	铣、磨六面,控制尺寸 100×95×25	普通铣床
4	装夹	工件装夹(分中找正)	普通铣床
5	铣卸料通孔	加工卸料通孔:φ10 铣刀	普通铣床
6	铣凹模固定板槽	加工凹模固定板槽:φ10 铣刀(粗),φ6(精)	普通铣床
7	铣下模板外形	加工下模板外形:φ12 铣刀	普通铣床
8	钻、铰导柱通孔	加工导柱通孔:φ9.8 钻嘴,φ10 铰刀	普通铣床
9	钻螺钉过孔	加工 3/16 的螺钉过孔:φ5.5 的钻嘴	普通铣床
10	装夹	工件反面装夹(分中找正)	普通铣床
11	铣螺钉沉头孔	加工 3/16 螺钉沉头孔:φ10 铣刀	普通铣床
12	铣导柱沉头孔	加工导柱沉头孔:φ14 铣刀	普通铣床

③尺寸检测

下模座加工质量检测评分见表 1-2-11。

表 1-2-11　零件质量检测评分表

姓名			学号			产品名称	十字架落料模	
班级						零件名称	下模座	
名称	序号	检测项目	配 分		评分标准	检测结果	扣分	得分
下模座板	1	$100 \times 95 \times 25$	按标注公差检验，未标注公差范围的取 $-0.1 \sim +0.1$，在公差值范围内满分，公差范围外 0 分		8 分			
	2	$60_{0}^{+0.05}$			8 分			
	3	$50_{0}^{+0.05}$			8 分			
	4	4 处:$\phi 10_{-0.03}^{0}$			8 分			
	5	两处:3/16 螺钉沉头			8 分			
	6	4 处:37			8 分			
	7	4 处:27			8 分			
	8	两处:26			4 分			
	9	29			4 分			
	10	34			4 分			
	11	4 处:$R6$			12 分			
	12	9			4 分			
	13	10			4 分			
	14	5			4 分			
	15	80			4 分			
	16	4 处:$\phi 14$			4 分			
其他	违反安全文明生产有关规定,酌情扣 2 ~ 10 分;出现重大安全事故按零分处理							
总分			教师签名			时间		

5)模柄

①零件图分析

模柄零件图如图 1-2-7 所示。模柄是联接上模与压力机滑块的零件,并与上模座组装成组件。材料为铝棒,主要加工方法为车削加工。

②加工工艺分析

模柄加工工艺见表 1-2-12。

表 1-2-12　模柄加工工艺

工序号	工序名称	工序内容	设　备
1	下料	下料 $\phi25 \times 46$	锯床
2	装夹	工件装夹	普通车床
3	车外圆、端面	车外圆、端面,控制尺寸 $\phi16 \times 35/\phi25 \times 5$	普通车床
4	装夹	工件装夹(分中找正)	普通铣床
5	铣平面	用 $\phi14$ 的铣刀加工平面	普通铣床

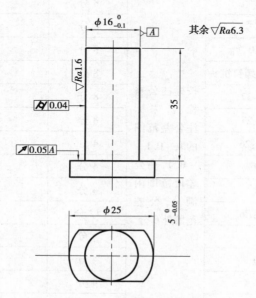

图 1-2-7　模柄零件图

③尺寸检测

质量检测评分见表 1-2-13。

表 1-2-13　零件质量检测评分表

姓名		学号			产品名称	十字架落料模	
班级					零件名称	模柄	
名称	序号	检测项目	配　分	评分标准	检测结果	扣分	得分
模柄	1	$\phi25 \times 40$	按标注公差检验,未标注公差范围的取 $-0.12 \sim +0.12$,在公差值范围内满分,公差范围外 0 分	20 分			
	2	$\phi16_{-0.1}^{0}$		20 分			
	3	$5_{-0.05}^{0}$		20 分			
	4	35		20 分			
	5	$\phi25$		20 分			
其他	违反安全文明生产有关规定,酌情扣 2 ~ 10 分;出现重大安全事故按零分处理						
总分		教师签名			时间		

6）卸料板加工

①零件图分析

卸料板零件图如图 1-2-8 所示。

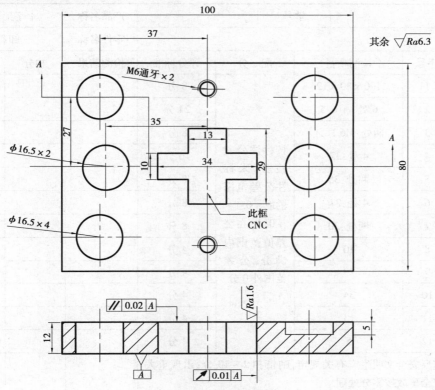

图 1-2-8　卸料板零件图

卸料板是将冲裁后卡在凸模上的板料卸掉，保证下次冲压正常进行。材料为铝板，与上模部分配钻螺钉孔。

②加工工艺分析

卸料板加工工艺见表 1-2-14。

表 1-2-14　卸料板加工工艺

工序号	工序名称	工序内容	设　备
1	下料	板材下料 110×90×15	锯床
2	装夹	工件装夹	普通铣床
3	铣削、磨削	铣、磨六面，控制尺寸 100×80×12	普通铣床
4	装夹	工件装夹（分中找正）	CNC 数控机床
5	铣十字通孔	加工十字通孔：φ6 铣刀	CNC 数控机床
6	铣弹簧孔	加工弹簧孔：φ12 钻嘴，φ16.5 铣刀	普通铣床
7	铣导柱过孔	加工导套过孔：φ12 钻嘴，φ16.5 铣刀	普通铣床
8	钻螺钉孔	加工 M6 螺钉孔：φ5.2 的钻嘴，M6 攻牙	普通铣床

③尺寸检测

卸料板加工质量检测评分见表 1-2-15。

表 1-2-15　零件质量检测评分表

姓名			学号			产品名称		十字架落料模
班级						零件名称		卸料板
名称	序号	检测项目		配　分	评分标准	检测结果	扣分	得分
卸料板	1	100×80×12		按标注公差检验,未标注公差范围的取 -0.1 ~ +0.1,在公差值范围内满分,公差范围外 0 分	8 分			
	2	6 处:φ16.5			24 分			
	3	两处:M6 通牙			8 分			
	4	4 处:37			16 分			
	5	两处:35			8 分			
	6	4 处:27			8 分			
	7	两处:30			8 分			
	8	10			4 分			
	9	29			4 分			
	10	34			4 分			
	11	13			4 分			
	12	5			4 分			
其他	违反安全文明生产有关规定,酌情扣 2 ~ 10 分;出现重大安全事故按零分处理							
总分			教师签名			时间		

7)凹模

①零件图分析

凹模零件图如图 1-2-9 所示。

凹模是成型零件,主要承受冲裁力。材料为 45#钢,热处理淬火,淬火前,铣削外形尺寸,并与下模座配钻孔。

②加工工艺分析

凹模加工工艺见表 1-2-16。

表 1-2-16　凹模加工工艺

工序号	工序名称	工序内容	设　备
1	下料	板材下料 55×50×13	锯床
2	装夹	工件装夹	普通铣床
3	铣削、磨削	铣、磨六面,控制尺寸 45×40×10.5	普通铣床

续表

工序号	工序名称	工序内容	设备
4	装夹	工件装夹(分中找正)	线切割机床
5	钻螺钉过孔	加工 3/16 的螺钉过孔:φ5.5 钻嘴	普通铣床
6	铣螺钉沉头孔	加工 3/16 的螺钉沉头孔:φ10 铣刀	普通铣床
7	热处理	淬火 50~55HRC	淬火炉
8	线切割	线切割十字通孔,控制尺寸 33×27.94×9,留单边精磨余量 0.1 mm	线切割机床
9	精磨刃口	精磨、十字通孔,留单边研磨余量 0.02 mm	工具磨条
10	研磨刃口	研磨十字通孔至最终尺寸	钳工

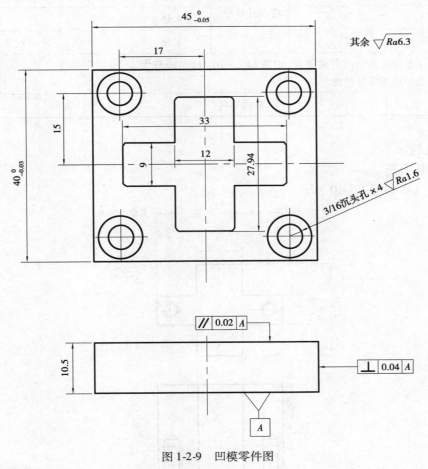

图 1-2-9   凹模零件图

③尺寸检测

凹模加工质量检测评分见表 1-2-17。

表 1-2-17 零件质量检测评分表

姓名			学号		产品名称	十字架落料模	
班级					零件名称	凹模	
名称	序号	检测项目	配 分	评分标准	检测结果	扣分	得分
凹模	1	$45 \times 40 \times 10.5$		18 分			
	2	$45_{-0.05}^{0}$	按标注公差检验,未标注公差范围的取 $-0.1 \sim +0.1$,在公差值范围内满分,公差范围外 0 分	18 分			
	3	$40_{-0.03}^{0}$		18 分			
	4	4 处:3/16 沉头孔		18 分			
	5	两处:15		8 分			
	6	两处:27.94		8 分			
	7	33		4 分			
	8	9		4 分			
	9	12		4 分			
其他	违反安全文明生产有关规定,酌情扣 2 ~ 10 分;出现重大安全事故按零分处理						
总分			教师签名			时间	

8)凸模的加工

①零件图分析

凸模零件图如图 1-2-10 所示。

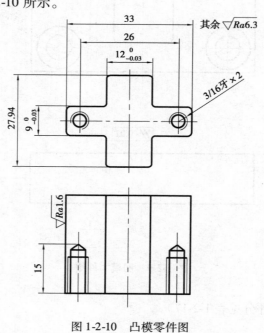

图 1-2-10 凸模零件图

凸模是成形零件,材料为45#钢,热处理淬火,主要是线切割加工外形。

②加工工艺分析

凸模加工工艺见表1-2-18。

表1-2-18　凸模加工工艺

工序号	工序名称	工序内容	设 备
1	下料	板材下料40×35×31	锯床
2	装夹	工件装夹	普通铣床
3	铣削、磨削	铣、磨六面,控制尺寸37×31.94×28	普通铣床
4	装夹	工件装夹(分中找正)	普通铣床
5	钻螺钉孔	加工3/16螺钉:ϕ4.2钻嘴;3/16攻牙	普通铣床
6	热处理	淬火50~55HRC	淬火炉
7	线切割	线切割十字块,控制尺寸33×27.94×28,留单边精磨余量0.1 mm	线切割机床
8	精磨	精磨十字块,留单边研磨余量0.02 mm	工具磨条
9	研磨	研磨十字块至最终尺寸	钳工

③尺寸检测

凸模加工质量检测评分见表1-2-19。

表1-2-19　零件质量检测评分表

姓名					产品名称	十字架落料模	
班级					零件名称	凸模	
名称	序号	检测项目	配 分	评分标准	检测结果	扣分	得分
凸模	1	33×27.94×35	按标注公差检验,未标注公差范围的取-0.1~+0.1,在公差值范围内满分,公差范围外0分	18分			
	2	$9_{-0.03}^{0}$		18分			
	3	$12_{-0.03}^{0}$		18分			
	4	两处:3/16牙		18分			
	5	26		14分			
	6	15		14分			
其他	违反安全文明生产有关规定,酌情扣2~10分;出现重大安全事故按零分处理						
总分			教师签名			时间	

学习巩固

一、填空题

1. 模具制造工艺就是利用不同的_____,改变毛坯的_____等,使之成为_____的模具零件。

2.模具制造工艺的特点:＿＿＿＿＿＿＿、＿＿＿＿＿＿＿、＿＿＿＿＿＿＿及＿＿＿＿＿。

3.模具的生产过程是指由模具制造合同签订＿＿＿＿＿＿,到模具＿＿＿＿＿＿＿＿使用的全部过程。

4.模具的生产流程可分为 5 个阶段:＿＿＿＿＿＿、＿＿＿＿＿＿、＿＿＿＿＿＿、＿＿＿＿＿＿、及＿＿＿＿＿＿。

5.工艺过程片一般以＿＿＿＿＿＿为单元,以＿＿＿＿＿＿的形式,简要说明模具零件＿＿＿＿＿＿的过程。

6.工艺过程卡的识读步骤是＿＿＿＿＿＿＿、＿＿＿＿＿＿＿和＿＿＿＿＿＿。

7.工序卡是以＿＿＿＿＿＿为单位,根据工序及其内容编制成＿＿＿＿＿＿的工艺文件。

8.工步是指在＿＿＿＿＿＿不变的情况下所连续完成的一部分工序。一个工序可能分为＿＿＿＿＿＿工步,也可能只有＿＿＿＿＿＿工步。

9.工序是指由＿＿＿＿＿＿工人,在一个工作地点对同一个或同时对＿＿＿＿＿＿进行加工,所连续完成的那一部分工艺过程。

10.职工上岗必须进行＿＿＿＿＿＿和＿＿＿＿＿＿,并做到熟悉车床等各设备的性能、操作程序和维护保养知识。

二、选择题

1.十字架落料模的上模座的尺寸是(　　　)。

A.100×80×20　　　　B.100×80×15　　　　C.ϕ25×40　　　　D.100×95×25

2.下模座的尺寸是(　　　)。

A.100×80×20　　　　B.100×80×15　　　　C.ϕ25×40　　　　D.100×95×25

3.凸模固定板的尺寸是(　　　)。

A.100×80×20　　　　B.100×80×15　　　　C.ϕ25×40　　　　D.100×95×25

4.模柄的尺寸是(　　　)。

A.100×80×20　　　　B.100×80×15　　　　C.ϕ25×40　　　　D.100×95×25

5.(　　　)的作用是把落料后的废料从凸模上退下来。

A.卸料板　　　　B.凸模　　　　C.凹模　　　　D.上模座

三、简答题

1.什么是模具制造工艺及其特点?

2.什么是模具的生产过程?

3.如何识读工序卡?

4.什么是工艺过程卡?

5.什么是工序卡?

四、综合训练

完成如图 1-2-3—图 1-2-10 所示的铝制模架十字架落料模模具零件的加工。

 **学习评价**

学习评价自评表

班级		姓名		学号		日期			年　月　日
评价指标	评价要素			权重	等级评定				
					A	B	C	D	
信息检索	能有效利用网络资源、工作手册查找有效信息			5%					
	能用自己的语言有条理地去解释、表述所学知识			5%					
	能对查找到的信息有效转换到工作中			5%					
感知工作	是否熟悉你的工作岗位,认同工作价值			5%					
	在工作中,是否获得满足感			5%					
参与状态	与教师、同学之间是否相互尊重、理解、平等			5%					
	与教师、同学之间是否能够保持多向、丰富、适宜的信息交流			5%					
	探究学习,自主学习不流于形式,处理好合作学习和独立思考的关系,做到有效学习			5%					
	能提出有意义的问题或能发表个人见解;能按要求正确操作;能够倾听、协作分享			5%					
	积极参与,在产品加工过程中不断学习,综合运用信息技术的能力提高很大			5%					
学习方法	工作计划、操作技能是否符合规范要求			5%					
	是否获得了进一步发展的能力			5%					
工作过程	遵守管理规程,操作过程符合现场管理要求			5%					
	平时上课的出勤情况和每天完成工作任务情况			5%					
	善于多角度思考问题,能主动发现、提出有价值的问题			5%					
思维状态	是否能发现问题、提出问题、分析问题、解决问题、创新问题			5%					
自评反馈	按时按质完成工作任务			5%					
	较好地掌握了专业知识点			5%					
	具有较强的信息分析能力和理解能力			5%					
	具有较为全面、严谨的思维能力,并能条理明晰、表述成文			5%					
自评等级									
有益的经验和做法									
总结反思建议									

等级评定: A.好　　B.较好　　C.一般　　D.有待提高

学习活动1.3 十字架落料模的装配与调试

学习目标

知识点：

- 理解冲压模具装配的技术要求。
- 理解落料模凸凹模的固定方法。
- 理解凸凹模配合间隙的控制方法。
- 理解落料模的装配要点。
- 理解落料模的装配顺序和步骤。
- 理解冲压模具的安装要求。
- 理解冲压模安装前的准备工作。

技能点：

- 会正确使用冲压模装配的常用工具。
- 会正确装配落料模。
- 能在冲床上正确安装、调试落料模。

活动描述

本学习活动是了解和掌握十字架落料模的装配和调试。通过本学习活动的学习,重点掌握十字架落料模的装配工艺过程、方法及工作零件的装配、固定方法。

知识链接

1.3.1 装配工艺过程

装配工艺过程就是按模具设计的总装配图,把各个零件组合起来,使之成为一个整体,并能达到规定的技术要求的一种加工工艺。

装配工艺过程大致可分为装配前的准备工作、组件装配、总装配、检验及调试4个阶段。

1.3.2 冲压模装配方法

冲压模装配方法见表1-3-1。

表 1-3-1　冲压模装配方法

名称	说　明	图　例	适用场合
配作装配法	配作装配法是在零件加工时，只对装配有关的必要部位进行高精度的加工，而孔位精度由钳工进行配作，使各零件装配后的相对位置保持正确关系	零件1 零件2 模具零件之间配钻孔	这种装配方法耗费的工时较多，并且需要操作者具有较高的实践经验和技术水平
直接装配法	直接装配法是将所有零件的型孔、型面及安装孔全部按图样加工完毕，装配时只要把零件联接起来即可。这种装配方法简便迅速且便于零件的互换，但装配精度取决于零件的加工精度	定位销 零件1 零件2 模具零件各自加工后直接装配	这种装配方法需具备高精度加工设备及测量装置，才能保证模具的质量

1.3.3　控制凸、凹模配合间隙的方法

常用的控制凸、凹模配合间隙的方法见表 1-3-2。

表 1-3-2　常用的控制凸、凹模配合间隙的方法

名　称	说　明	图　示
测量法	测量法是将凸模和凹模分别用螺钉固定在上、下模板的适当位置，通过导向装置，将凸模插入凹模内，用厚薄规（塞尺）检查凸、凹模之间的间隙是否均匀，根据测量结果进行校正，待间隙均匀后再拧紧螺钉、配作销孔及打入销钉	凸模 凹模 间隙
垫片法	将厚度均匀、其值等于间隙值的纸片、金属片或成形制件放在凹模刃口四周的位置，将等高垫块垫好，然后慢慢合模，使凸模进入凹模刃口内，观察凸、凹模的间隙状况。如果间隙不均匀，用敲击凸模固定板的方法调整间隙，直至均匀为止	凸模　等高垫块 垫片 凹模

续表

名　称	说　明	图　示
透光法	透光法是将凸、凹模合模后,用灯光从底面照射,凭肉眼观察凸、凹模刃口四周的光隙大小来判断冲裁间隙是否均匀。如果间隙不均匀,再进行调整、固定、定位。这种方法适合于薄料冲裁模	
试切法	当凸、凹模之间的间隙小于 0.1 mm 时,可将其装配后试切纸或薄板。通过观察试切下制件四周毛刺是否均匀、一致来判断间隙的均匀程度,并作适当的调整	
镀金属法	对于形状复杂、凸模数量较多的冲裁模,可将凸模表面镀上一层金属来代替垫片,如镀铜或锌。由于镀层均匀,可提高装配间隙的均匀性。镀层厚度等于单边冲裁间隙值。然后按上述方式调整、固定、定位。镀层在装配后不必去除,冲裁时可自行脱落	
工艺尺寸法	主要适用于易加工的圆形凸模。制造凸模时,将凸模长度适当加长。加长部位的截面尺寸按凹模孔的实测尺寸零间隙配合来加工。装配时,将凸模插入凹模,然后装配调整、定位和固定。最后将加长部分磨去,从而形成均匀的间隙	
工艺定位器调整法	装配时,采用工艺定位器装配复合模,可有效地保证上、下模的同心及凸模与凹模间隙均匀	

1.3.4　模具装配常用工具

模具装配常用工具见表 1-3-3。

表 1-3-3　模具装配常用工具

名　称	图　示	说　明
一字螺钉旋具		一字螺钉旋具主要用来旋紧或松开一字槽螺钉。使用时,应根据螺钉沟槽的宽度选用相适应的螺钉旋具
十字螺钉旋具		十字螺钉旋具主要用来旋紧或松开头部带十字槽的螺钉。其优点是旋具不易从十字槽中滑出
活络扳手		活络扳手的开口宽度可在一定范围内调节,可用来装拆螺母和螺栓
内六角扳手		内六角扳手主要用于装拆内六角螺栓,成套的内六角扳手,可装拆 M4—M30 的内六角螺栓
铜棒		模具零件采用敲击装配时,不允许使用铁锤直接敲击零件表面。在配合过盈量较小时,常使用铜棒进行装配
手动压力机		当模具零件之间的配合过盈量较大,且装配精度要求较高时,常采用手动压力机进行装配

1.3.5 冲压模装配的要点

冲压模装配应遵循以下要点:

(1)合理选择装配方法

冲压模的装配方法主要有直接装配法和配作装配法两种。选择装配方法须充分考虑模具的结构特点及模具零件加工工艺和加工精度等因素,以选择既方便又可靠的装配方法来保证模具的质量。

(2)合理选择装配顺序

冲压模装配最主要的是保证凸、凹模的间隙均匀。为此,在装配前必须合理考虑上、下模装配顺序,否则在装配后会出现间隙不易调整的麻烦,造成装配精度下降。冲压模装配前,应选择装配基准件。基准件原则上按照冲压模主要零件加工时的依赖关系来确定。通常,可选取导向板、固定板、凸模、凹模等作为装配基准件。

1.3.6 模具的装配顺序

为了使凸、凹模间隙装配均匀,必须正确选择上、下模的装配顺序,见表1-3-4。

表1-3-4 模具的装配顺序

名　称	说　明	图　示
无导向装置的落料模	对于上、下模之间无导柱、导套作导向的冲模,通常将模具安装到压力机上以后再进行调整。因此,上、下模的装配顺序没有严格要求,一般可分别进行装配即可	
有导向装置的落料模	对于有导向装置的冲模,应先安装装配基准件。例如,冲孔时,选择凸模为装配基准件;落料时,选择凹模为装配基准件。再根据装配基准件的装配位置,确定上、下模的安装顺序	

1.3.7　十字架落料模冲裁变形过程

十字架落料模冲裁变形过程包括弹性变形、塑性变形和断裂分离 3 个阶段,见表 1-3-5。

表 1-3-5　十字架落料模冲裁变形过程

序号	种　类	图　示
1	弹性变形阶段	
2	塑性变形阶段	
3	断裂分离阶段	

学习实施

（1）十字落料模的装配过程

十字落料模的装配过程见表 1-3-6。

表 1-3-6　十字架落料模的装配过程

序号	零件名称	实物图	使用工具	备　注
1	下模座		手工	取出下模座准备装配

续表

序号	零件名称	实物图	使用工具	备 注
2	导柱		铜棒	使用铜棒将导柱敲入下模座
3	凹模固定板		手工	取出凹模固定板准备装配
4	凹模		手工	把凹模放入凹模固定板中
5	凹模固定螺钉		内六角扳手	使用内六角扳手把螺钉拧入凹模
6			手工	把步骤2完成的装配放入步骤5完成的装配中

序号	零件名称	实物图	使用工具	备　注
7	定位销		铜棒	使用铜棒把定位销敲入凹模固定板
8	凹模固定板固定螺钉		内六角扳手	使用内六角扳手把螺钉拧入凹模固定板,下模部分装配完毕
9	上模座		手工	取出上模座准备装配
10	模柄		手工	把模柄装入上模座
11	凸模固定板		手工	取出凸模固定板准备装配

续表

序号	零件名称	实物图	使用工具	备 注
12	导套		手动压力机	使用铜棒把导套敲入上模座
13	凸模		手工	把凸模放入凸模固定板
14	凸模固定螺钉		内六角扳手	把步骤10完成的装配与步骤13完成的装配组合后,使用内六角扳手把凸模固定
15	凸模固定板固定螺钉		内六角扳手	使用内六角扳手固定凸模固定板

续表

序号	零件名称	实物图	使用工具	备　注
16	卸料件弹簧		手工	把卸料件弹簧放入步骤 15 完成的装配中
17	卸料板		手工	取出卸料板准备装配
18	导正销		内六角扳手	使用内六角扳手把导正销通过步骤 16 完成的装配中拧入卸料板,上模部分安装完毕
19			铜棒	把步骤 8 组装完成的上模部分装配到步骤 18 组装完成的下模部分

47

(2)冲模的安装方法

以在微型冷冲机上安装冲模为例,冲模的安装方法见表1-3-7。

表1-3-7　冲模安装方法

序号	操作流程	说　明
1		模具检查完毕以后,将微型冷冲模具处于闭合状态,平放入冷冲机工作台面
2		用手按动离合器向下旋转,用活动扳手将滑块旋转轴转动,将滑块旋转轴转动到滑块运动的最低位置

序号	操作流程	说　明
3	 	使用梅花扳手松动冷冲机背面压块上的 4 颗螺栓
	 	使用活动扳手,松动手轮下方的螺栓上的螺母
		螺栓上的螺母拧松以后,调节手轮

续表

序号	操作流程	说　明
4		使用内六角扳手,拧松滑块上的模柄压紧块上的螺栓,并用开口扳手将模柄压紧块上的模柄定位螺钉拧出 2/3。以上完成以后进行一个模具位置的微调,使模具的模柄对准滑块的模柄孔
5		用手顺时针转动手轮,滑块将下滑动,直到滑块低面和模柄压紧块低面顶压模具到工作合模状态(注意:模具的模柄一定要对准滑块里的模柄孔)
6		模具和滑块的位置调整好后,用内六角扳手将模柄压紧块上的螺栓拧紧(注意:左右螺栓相对一起拧)

序号	操作流程	说　明
6		
7		用开口扳手将模柄压紧块上的模柄定位螺钉拧紧
8		上模固定好后,用手将冷冲机工作台面上的压紧块推入下模座码模台

续表

序号	操作流程	说　明
9		压紧块压好后,进行手动试冲。用手将离合器向下按动,模具便运动一次,检查模具运动是否正常
10		手动调试好以后,用梅花扳手将冷冲机背后滑块上的4颗螺栓紧固
11		冷冲机背面滑块上的4颗螺栓紧固后,再用活动扳手紧固手轮下方的螺杆上的螺母

序号	操作流程	说　明
12		机器上的部件固定好以后,用内六角扳手锁紧码模台上压紧块的螺栓
13		机器、模具固定好后,再一次用手按动离合器,检查模具及机器各部件是否正常工作,再次确定无误
14		

续表

序号	操作流程	说　明
14		机器及模具安装完成,调试好后,进行一个料带头的处理,为了好上料。用剪刀将 0.3 mm 的铝料头两侧剪掉小角,使头成梯形
15		将剪好的料带从左穿过模具上、下模
16		料带穿过模具之后,再穿过导料机构

序号	操作流程	说　明
17		料带穿过导料机构以后,将料头插入储料轮横轴的孔内,逆时针转动料轮,储料轮上料带圈满后,用剪刀剪断料带
18		将剪断的料头插入送料机构的导料槽内,并用手按压送料机构上的齿条,直到料带伸出送料机构 10 mm 左右

续表

序号	操作流程	说　明
19		模具,料带安装完成后,各部件及各机构能正常工作,便可接通电源
20		通电后,便可开机,拧动急停开关
21		急停按钮松开后,点击机器电源启动按钮

续表

序号	操作流程	说　明
22		电源启动开关开启后,再开启冷冲机工作台面右侧的冷冲机电源按钮
23		冷冲机器电源开启后,点击机床面板上的"点动"按钮,冷冲机便带着上模工作
24		根据模具内产品的大小来调整送料步距,产品横方向的尺寸比较大,就将送料机构里的齿条上方的压杆向上调整,如果尺寸比较小,就将压杆向下调整
25		观察冲出来的废料带,冲出的孔的距离是否合理,孔距过长浪费料,过短影响产品的质量

续表

序号	操作流程	说　明
26		根据观察料带上冲出的孔距,再一次进行调整送料机构上的压杆,保证不浪费料,不影响产品质量,合理孔距
27		经过调整后送料机构送料的正确步距
28		步距调试好后,进行安全红外线测试,用手点击"点动"按钮,用料带挡住红外光线,冷冲机是否还运动。如冷冲机正常运动,说明红外线有故障。冷冲机停止工作,说明安全红外线正常

序号	操作流程	说　明
29		安全红外线装置检测完毕后,调节冷冲机面板上的"动作选择"滑动开关,将滑动开关拨到"连动"指示上（此开关,主要是在点击"点动"按钮后,机器连续工作和点击一次机器工作一次）
30		脚踏控制器与"点动"按钮功能一样,控制机器工作的部件。在进行冲裁产品时,可使用脚控制机器
31		

续表

序号	操作流程	说　明
31	 	产品冲裁完毕后,打开冷冲机器下面的柜门,取出产品
32	 	模具冲裁完毕后,用剪刀剪断料带 　模具完成冲裁后,用开口扳手将模柄固定螺栓拧松。用六角匙将模柄压紧块上的螺钉和模具下模座上的压紧块上的螺钉松掉

序号	操作流程	说　明
33		进行模具防锈处理,喷上万能防锈润滑剂,并从冷冲机工作台面取出模具
		进行机器防锈和润滑处理,将各部件加入机油

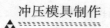

(3)十字架落料模试冲时常见的故障及处理

十字架落料模试冲时常见的故障、原因及处理方法见表1-3-8。

表 1-3-8 十字架落料模试冲时常见的故障、原因及处理方法

试冲常见故障	产生原因	处理方法
送料不畅通或料被卡死	两导料板之间的尺寸过小或有斜度	根据情况锉修或重装导料板
	凹模与卸料板之间的间隙过大,使搭边翻扭	减小凸模与卸料板之间的间隙
	用测刃定距的冲裁模,导板料的工作面和侧刃不平行,使条料卡死	重装导料板
	侧刃与侧刃挡块不密合,形成毛刺,使条料卡死	修整侧刃挡块消除间隙
刃口相咬	上模座、下模座、固定板、凹模、垫板等零件安装面不平行	修整有关零件,重装上模或下模
	凹模、导柱等零件安装不垂直	重装凹模与导柱
	导柱与导套配合间隙过大,使导向不准	更换导柱或导套
	卸料板的孔位不正确或歪斜,使冲孔凸模位移	修整或更换卸料板
卸料不正常	由于装配不正常,卸料机构不能动作,如卸料板与凸模配合过紧,或因卸料板倾斜而卡紧	修整卸料板、顶板等零件
	弹簧或橡皮的弹力不足	更换弹簧或橡皮
	凹模和下模座的漏料孔没有对正,料不能排除	修整漏料孔
	凹模有倒锥度造成工件堵塞	修整凹模
冲件质量不好: 1. 有毛刺 2. 冲件不平 3. 落料外形和内控不正,成偏位现象	刃口不锋利或淬火硬度低	合理调整凸模好凹模的间隙及修磨工作部分的刃口
	配合间隙过大或过小	
	间隙不均匀,使冲件一边有显著带斜角毛刺	
	凹模有倒锥度	修整凹模
	顶料杆和工件接触面过小	更换顶料杆
	导正钉与预冲孔配合过紧,将冲件压出凹陷	修整导正钉
	挡料钉位置不当	修正挡料钉
	落料凸模上导正钉尺寸过小	更换导正钉
	导料板和凹模送料中心线不平行,使孔位偏斜	修整导料板
	侧刃定距不准	修磨或更换侧刃

 学习巩固

一、填空题

1. 装配工艺过程大致可分为_____、组件装配、总装配及_____4个阶段。

2. 配作装配法是在零件加工时,只对装配_____进行高精度的加工,而孔位精度由_____进行配作,使各零件装配后的相对位置保持正确关系。

3. 直接装配法是将所有零件的型孔、型面及安装孔全部按图样加工完毕,装配时只要把零件联接起来即可。这种装配方法_____且便于零件的互换,但装配精度取决于_____。

4. 常用的控制凸、凹模配合间隙的方法有测量法、_____、_____、_____、_____、_____及_____。

5. 当模具零件之间的配合过盈量较大且装配精度要求较高时,常采用_____进行装配。

6. 十字架落料模冲裁变形过程包括_____、_____和_____。

7. 冲模安装时,模具检查完毕以后,将微型冷冲模具处于_____,平放入冷冲机工作台面。

8. 根据模具内产品的大小来调整送料步距,产品横方向的尺寸比较大,就将送料机构里的齿条上方的压杆_____,如果尺寸比较小,就将压杆_____。

9. 滑块向下滑动至低面和模柄压紧块低面顶压模具到工作合模状态,此时模具的模柄一定要对准_____。

10. 凹模与卸料板之间的间隙过大,使搭边翻扭,可能使模具产生_____的故障。

二、选择题

1. 以下哪个选项有可能造成十字架落料模试冲送料不畅通或料被卡死?(　　　)
A. 侧刃定距不准　　　　　　　　　　　B. 凹模、导柱等零件安装不垂直
C. 挡料钉位置不当　　　　　　　　　　D. 两导料板之间的尺寸过小或有斜度

2. 以下哪个选项有可能造成十字架落料模试冲刃口相咬?(　　　)
A. 侧刃定距不准　　　　　　　　　　　B. 凹模、导柱等零件安装不垂直
C. 挡料钉位置不当　　　　　　　　　　D. 两导料板之间的尺寸过小或有斜度

3. 将厚度均匀、其值等于间隙值的纸片、金属片或成形制件放在凹模刃口四周来控制凸、凹模配合间隙,属于下面哪种控制间隙的方法?(　　　)
A. 测量法　　　　　B. 垫片法　　　　　C. 透光法　　　　　D. 镀金属法

4. 制造凸模时,将凸模长度适当加长,加长部位的截面尺寸按凹模孔的实测尺寸零间隙配合来加工。装配时,将凸模插入凹模,然后装配调整、定位和固定。最后将加长部分磨去从而形成均匀的间隙,属于下面哪种控制间隙方法?(　　　)
A. 工艺定位器调整法　B. 工艺尺寸法　　　C. 透光法　　　　　D. 试切法

5. 对于有导向装置的冲模,应先安装装配(　　　)。
A. 基准件　　　　　B. 凹模　　　　　　C. 凸模　　　　　　D. 导柱导套

三、简答题

1. 模具装配前应做哪些准备工作?

2.模具装配常用的工具有哪些？

3.简述两种冲压模装配方法的特点及应用。

4.如何确定上、下模的装配顺序？

5.简述十字架落料模的装配过程。

四、综合训练

按表 1-3-6 完成铝制模架十字架落料模的装配，并在冲床上安装调试合格。

 **学习评价**

学习评价自评表

班级		姓名		学号		日期	年　月　日		
评价 指标	评价要素				权重	等级评定			
						A	B	C	D
信息 检索	能有效利用网络资源、工作手册查找有效信息				5%				
	能用自己的语言有条理地去解释、表述所学知识				5%				
	能将查找到的信息有效转换到工作中				5%				
感知 工作	是否熟悉你的工作岗位,认同工作价值				5%				
	在工作中,是否获得满足感				5%				
参与 状态	与教师、同学之间是否相互尊重、理解、平等				5%				
	与教师、同学之间是否能够保持多向、丰富、适 宜的信息交流				5%				
	探究学习,自主学习不流于形式,处理好合作 学习和独立思考的关系,做到有效学习				5%				
	能提出有意义的问题或能发表个人见解;能按 要求正确操作;能够倾听、协作分享				5%				
	积极参与,在产品加工过程中不断学习,综合 运用信息技术的能力提高很大				5%				
学习 方法	工作计划、操作技能是否符合规范要求				5%				
	是否获得了进一步发展的能力				5%				
工作 过程	遵守管理规程,操作过程符合现场管理要求				5%				
	平时上课的出勤情况和每天完成工作任务情况				5%				
	善于多角度思考问题,能主动发现、提出有价 值的问题				5%				
思维 状态	是否能发现问题、提出问题、分析问题、解决问 题、创新问题				5%				
自评 反馈	按时按质完成工作任务				5%				
	较好地掌握了专业知识点				5%				
	具有较强的信息分析能力和理解能力				5%				
	具有较为全面、严谨的思维能力,并能条理明 晰、表述成文				5%				
自评等级									
有益的 经验和 做法									
总结反 思建议									

等级评定：A.好　　B.较好　　C.一般　　D.有待提高

学习任务 2
工字形弯曲模的制作

 学习目标

知识点：

- 了解弯曲模的概念和弯曲分类。
- 理解弯曲模的结构特点和典型结构。
- 理解弯曲模结构组成和工作原理。
- 理解模具毛坯的选择方法。
- 了解冲压材料的常用牌号及选用原则。
- 理解弯曲模零件加工工艺方法和工艺规程。
- 认识模具材料的热处理工艺。
- 理解弯曲模的装配顺序和步骤。
- 理解弯曲模的调试内容和要求。
- 理解弯曲模调试的注意事项。
- 理解弯曲模试冲时常见故障、原因和处理方法。

技能点：

- 熟悉弯曲模结构的零部件名称及作用。
- 会分析弯曲模零件图。
- 会选择合适的加工工艺方法加工弯曲模零件。
- 会操作模具零件的加工设备。
- 会正确利用测量工具检测弯曲模零件。
- 会装配弯曲模。
- 能在冲床上安装、调试弯曲模。

 建议课时

- 84 学时。

工作流程与活动

◆　学习活动 2.1：工字形弯曲模的结构和工作原理。
◆　学习活动 2.2：工字形弯曲模的加工。
◆　学习活动 2.3：工字形弯曲模的装配与调试。

任务描述

接某五金厂订单，需加工如图 2-1 所示的折弯件 70 000 件，加工费 0.05 元/件，工期 18 天。如采用传统的机加工方法进行生产，不能够实现批量生产，生产效率低，加工成本高，故考虑采用弯曲模进行弯曲冲压加工。

弯曲冲压加工该折弯件的工字形弯曲模装配图如图 2-2 所示。须先制作该弯曲模，为批量弯曲冲压加工该折弯件作好准备。

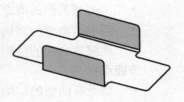

图 2-1　折弯件零件图

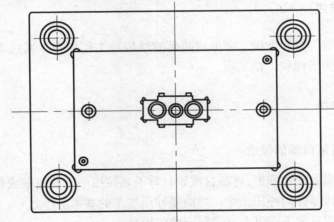

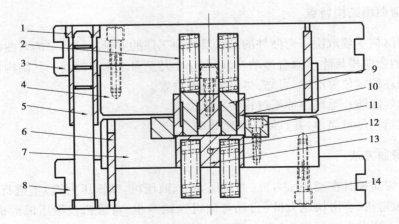

图 2-2　工字形弯曲模装配图

1—导套；2—弹簧；3—上模板；4—凸模固定板；5—导柱；6—定位销；7—凹模固定板；
8—下模板；9—推件柱；10—凸模；11—凹模；12—限位销；13—推件块；14—内六角螺钉

67

学习活动 2.1　工字形弯曲模的结构和工作原理

 学习目标

知识点：

- 了解弯曲模的概念和弯曲分类。
- 理解弯曲模的结构特点和典型结构。
- 理解弯曲模的结构组成和工作原理。

技能点：

- 熟悉弯曲模的结构零部件名称及作用。

 活动描述

本学习活动是要了解和掌握工字形弯曲模的结构和工作原理。通过本学习活动的学习，掌握工字形弯曲模的结构和工作原理。

 知识链接

2.1.1　弯曲与弯曲模的概念

弯曲是利用金属的塑性变形，将型材或管材等毛坯按照一定的曲率或角度进行变形，从而得到一定角度和形状零件的冲压工序。弯曲是冲压加工的基本工序之一。

弯曲模是指采用弯曲工序将毛坯进行弯曲的模具。

2.1.2　弯曲模结构特点

弯曲模的结构主要取决于弯曲件的形状及弯曲工序的安排。最简单的弯曲模只有一个垂直运动；复杂的弯曲模具除了垂直运动外，还有一个乃至多个水平运动。其结构特点如下：

①弯曲毛坯的定位要准确、可靠，尽可能水平放置。

②其结构要能防止毛坯在冲压过程中发生位移。

③弯曲模结构尽量简单，并且便于调整修理。

2.1.3　弯曲方法

通常是以弯曲模具在通用压力机（曲柄压力机、液压机、摩擦压力机）上进行弯曲，此外也有在折弯机、拉弯机、多滑块压力机（自动弯曲机）、滚弯机、弯管机及滚压成形机等其他设备上的弯曲成形。弯曲方法见表 2-1-1。

表 2-1-1 弯曲方法

方法	弯曲过程图示	应 用
折弯	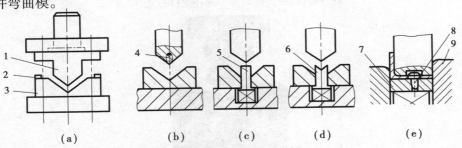	在板料折弯机上,借助通用或专用弯曲模进行折弯加工,可加工出各种形状不同的弯曲件。特别适用于具有较长弯曲线和较小弯曲半径的弯曲件,如箱式、柜式零件或多品种小批量弯曲件
滚弯		在滚弯机上,利用2～4个工作辊相对位置变化和旋转运动,在送进板料的同时,作连续弯曲加工的方法,称为滚弯。板材或型材滚弯被广泛用于飞机、船舶、化工、金属结构及其他机械制造业
拉弯		拉弯是把金属板材、管材和型材弯曲成一定曲率、形状和尺寸的工件的冲压成形工艺。拉弯成形广泛应用于制造高压容器、船体的钢板及骨肋、各种仪器仪表构件等

2.1.4 弯曲模的典型结构

(1)V形件弯曲模

V形件弯曲模是弯曲模中最简单的一种。其特点是结构简单,通用性好,但弯曲时毛坯容易滑动偏移,影响工件精度。如图 2-1-1 所示为 V 形弯曲模的一般结构形式,如图 2-1-2 所示为 V 形件弯曲模。

图 2-1-1 V 形弯曲模的一般结构形式
1—凸模;2—定位板;3—凹模;4—定位尖;5—顶杆;
6—V 形顶板;7—顶板;8—定料销;9—反侧压块

图 2-1-2　V 形件弯曲模

（2）U 形件弯曲模

U 形件弯曲模有回弹现象，工件不会包在凸模上，无须卸料装置，两竖边无法得到校正，回弹较大。U 形件弯曲模如图 2-1-3 和图 2-1-4 所示。

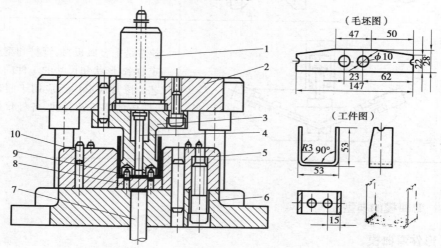

（毛坯图）

（工件图）

图 2-1-3　U 形件弯曲模结构形式
1—模柄;2—下模座;3—凸模;4—推杆;5—凹模;6—下模座;
7—顶杆;8—顶件块;9—圆柱销;10—定位销

图 2-1-4　U 形件弯曲模

(3) 帽形件弯曲模

弯曲件若其弯曲高度在材料厚度的 8 ~ 10 倍时,可采取一次弯曲成形,如图 2-1-5 和图 2-1-6所示。弯边高度较大时,以采用两道工序弯曲为宜,如图 2-1-7 和图 2-1-8 所示。

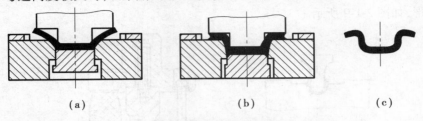

（a）　　　　　　　　　　（b）　　　　　　　　　（c）

图 2-1-5　一次成形弯曲帽形件弯曲模结构形式

图 2-1-6　一次成形弯曲帽形件弯曲模

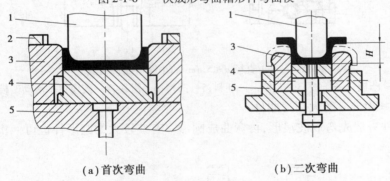

（a)首次弯曲　　　　　　　　　　（b)二次弯曲

图 2-1-7　两道工序弯曲帽形件弯曲模的结构形式
1—凸模;2—定位板;3—凹模;4—顶板;5—下模形

图 2-1-8　两道工序弯曲帽形件弯曲模

71

（4）圆形件弯曲模

1）直径 $d \leqslant 5$ mm 的小圆弯曲件

这类小圆弯曲件一般先弯成 U 形弯曲,再推卷成圆形。若材料较厚,直径较小,也可采取 3 道工序成形,如图 2-1-9 所示。

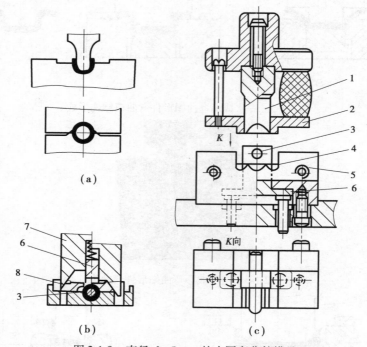

图 2-1-9　直径 $d \leqslant 5$ mm 的小圆弯曲件模具

1—凸模;2—压板;3—芯棒;4—坯料;5—凹模;6—滑块;7—楔模;8—活动凹模

2）直径 $d \geqslant 20$ mm 的大圆弯曲件

大圆弯曲件一般先弯成波浪形,再弯曲成圆形。有些较大的圆形件也可一次弯曲成形,如图 2-1-10 所示。

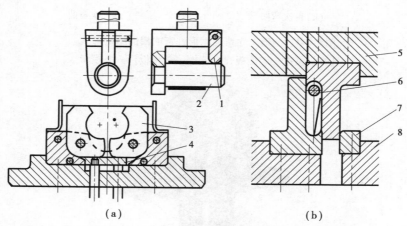

图 2-1-10　带摆动凹模的一次弯曲成形模

1—支承;2—凸模;3—摆动凹模;4—顶板;

5—上模座;6—芯棒;7—反侧压块;8—下模座

(5)Z形件弯曲模

由于Z形件两直边折弯方向相反,因此,弯曲模必须有两个方向弯曲的动作,如图 2-1-11 所示。

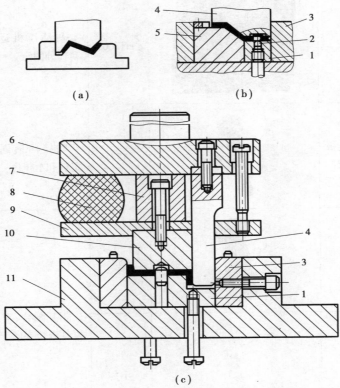

(a)   (b)

(c)

图 2-1-11   Z形件弯曲模

1—顶板;2—定位销;3—反侧压块;4—凸模;5—凹模;6—上模座
7—压块;8—橡皮;9—凸模托板;10—活动凸模;11—下模座

 学习实施

(1)认识工字形弯曲模零部件及其作用

工字形弯曲模零部件及其作用见表 2-1-2。

表 2-1-2   工字形弯曲模零部件及其作用

零件编号	零件名称	3D 图	材 质	作 用	备 注
0	产品		0.3 mm 厚铝板		

续表

零件编号	零件名称	3D图	材 质	作 用	备 注
1	上模座		HT300	与冲压机运动部分固定	侧面开设码模槽
2	凸模固定板固定螺钉		45#	联接凸模固定板和上模座	
3	导套		45#	相互配合,对模具进行导向	
4	导柱		SUJ2		
5	下模座		HT300	与冲压机的工作台面固定	侧面开设码模槽
6	凹模固定板		HT300	用于安装凹模	一般都采用组合式,方便更换

续表

零件编号	零件名称	3D 图	材　质	作　用	备　注
7	凹模固定板固定螺钉		45#	联接凹模固定板和下模座	
8	凹模固定板定位销		SUJ2	安装螺钉之前,对凹模固定板先进行定位	对于有装配精度的,一般先安装定位销,再安装螺钉
9	凸模固定板		HT300	用于固定凸模	一般都采用组合式,方便更换
10	凸模固定板定位销		SUJ2	安装螺钉之前,对凸模固定板先进行定位	对于有装配精度的,一般先安装定位销,再安装螺钉
11	卸料件弹簧		65Mn	提供弹力给卸料件	
12	凸模固定螺钉		45#	联接凸模和凸模固定板	

续表

零件编号	零件名称	3D 图	材 质	作 用	备 注
13	卸料件		45#	把产品从凸模上卸下来	设计时,要估算顶出力和卸料力
14	顶出件		45#	把产品从凹模中顶出来	
15	凹模		GGG70L	与凸模相互配合,形成所需产品的形状	冲压时,两者需承受较大冲压力,应满足其强度和刚度的要求
16	挡销		SUJ2	使顶出件在弹簧力作用下顶出产品后停留在合适位置	设计时注意挡销的强度
17	顶出件弹簧		65Mn	提供弹力给顶出件	
18	凹模固定螺钉		45#	联接凹模和凹模固定板	
19	凸模		GGG70L	功能与凹模一样	

（2）理解工字形弯曲模的工作原理

工字形弯曲模的工作原理见表 2-1-3。

表 2-1-3　工字形弯曲模的工作原理

模具状态	运动过程		
	状　态	状态图	运动原理
合模	初始状态		板材已经安装完毕，准备开始冲压
	凸模部分开始运动		在冲床的作用下，凸模部分开始运动；由于卸料件作用在板材上（卸料件弹簧的弹力小于板材变形力），卸料件沿凸模部分运动的反方向运动；卸料件弹簧继续被压缩
	板料变形		凸模部分继续运动，当凸模碰到板材后，板材开始变形；同时，顶出件也沿着凸模运动方向一起运动；顶出件弹簧被压缩
	产品成形		板材继续变形、定形；直到顶出件碰到下模座后，运动停止
开模	开模过程是合模过程的逆过程		

 **学习巩固**

一、填空题

1. 弯曲模的结构主要取决于_____的安排。

2. 最简单的弯曲模只有一个_____;复杂的弯曲模具除了垂直运动外,还有_____。

3. 常用的弯曲方法有_____,_____和_____。

4. V 形件弯曲模是弯曲模中_____的一种。其特点是结构简单,通用性好,但弯曲时_____,影响工件精度。

5. U 形件弯曲模有_____,工件不会包在凸模上,无须_____,两竖边无法得到校正,回弹较大。

6. 帽形件弯曲模,弯曲件若其弯曲高度在材料厚度的 8～10 倍时,可采取_____。弯边高度较大时,以采用_____为宜。

7. 由于 Z 形件两直边折弯方向相反,因此,弯曲模必须有_____弯曲的动作。

8. 直径 $d \geqslant 20$ mm 的大圆弯曲件,一般先弯成_____,再弯曲成圆形。

9. 对于凸模固定板定位销,一般先安装_____,再安装螺钉。

10. 顶出件弹簧在模具运动过程中起到的作用是_____。

二、选择题

1. 下面哪种弯曲方法特别适用于具有较长弯曲线和较小弯曲半径的弯曲件,如箱式、柜式零件或多品种小批量弯曲件?(　　)

A. 折弯　　　　　　B. 滚弯　　　　　　C. 拉弯　　　　　　D. 绕弯

2. 下面哪种弯曲模,弯曲时毛坯容易偏移?(　　)

A. V 形件弯曲模　　　　　　　　　　B. U 形件弯曲模

C. 帽形件弯曲模　　　　　　　　　　D. Z 形件弯曲模

3. 下面哪种弯曲模弯曲时有回弹现象,工件不会包在凸模上,无须卸料装置?(　　)

A. V 形件弯曲模　　　　　　　　　　B. U 形件弯曲模

C. 帽形件弯曲模　　　　　　　　　　D. Z 形件弯曲模

4. 直径 $d \leqslant 5$ mm 的小圆弯曲件,小型弯曲件一般先弯曲成(　　),再推卷成圆形。若材料较厚,直径较小,也可采取 3 道工序成形。

A. V 形　　　　　　B. U 形　　　　　　C. 帽形　　　　　　D. 波浪形

5. 直径 $d \geqslant 20$ mm 的大圆弯曲件一般先弯成(　　),再弯曲成圆形。

A. V 形　　　　　　B. U 形　　　　　　C. 帽形　　　　　　D. 波浪形

三、简答题

1. 简述弯曲模的结构特点。

2. 简述折弯、拉弯和滚弯 3 种弯曲方法的异同点及应用范围。

3. 简述 V 形件弯曲模、U 形件弯曲模、帽形件弯曲模、圆形件弯曲模及 Z 形件弯曲模的异同点和应用范围。

4. 简述工字形弯曲模的工作原理。

5. 用工作零件和结构零件分类方法简述工字形弯曲模的组成。

 **学习评价**

学习评价自评表

班级		姓名		学号		日期		年　月　日		
评价指标	评价要素				权重	等级评定				
						A	B	C	D	
信息检索	能有效利用网络资源、工作手册查找有效信息				5%					
	能用自己的语言有条理地去解释、表述所学知识				5%					
	能对查找到的信息有效转换到工作中				5%					
感知工作	是否熟悉你的工作岗位，认同工作价值				5%					
	在工作中，是否获得满足感				5%					
参与状态	与教师、同学之间是否相互尊重、理解、平等				5%					
	与教师、同学之间是否能够保持多向、丰富、适宜的信息交流				5%					
	探究学习，自主学习不流于形式，处理好合作学习和独立思考的关系，做到有效学习				5%					
	能提出有意义的问题或能发表个人见解；能按要求正确操作；能够倾听、协作分享				5%					
	积极参与，在产品加工过程中不断学习，综合运用信息技术的能力提高很大				5%					
学习方法	工作计划、操作技能是否符合规范要求				5%					
	是否获得了进一步发展的能力				5%					
工作过程	遵守管理规程，操作过程符合现场管理要求				5%					
	平时上课的出勤情况和每天完成工作任务情况				5%					
	善于多角度思考问题，能主动发现、提出有价值的问题				5%					
思维状态	是否能发现问题、提出问题、分析问题、解决问题、创新问题				5%					
自评反馈	按时按质完成工作任务				5%					
	较好地掌握了专业知识点				5%					
	具有较强的信息分析能力和理解能力				5%					
	具有较为全面、严谨的思维能力，并能条理明晰、表述成文				5%					
自评等级										
有益的经验和做法										
总结反思建议										

等级评定：A. 好　　B. 较好　　C. 一般　　D. 有待提高

学习活动 2.2　工字形弯曲模零件的加工

 学习目标

知识点：

* 理解模具毛坯的选择方法。
* 了解冲压材料的常用牌号及选用原则。
* 理解弯曲模零件的加工工艺方法和工艺规程。
* 认识模具材料的热处理工艺。

技能点：

* 会分析弯曲模零件图。
* 会选择合适的加工工艺方法加工弯曲模零件。
* 会操作模具零件的加工设备。
* 会正确利用测量工具检测弯曲模零件。

 活动描述

本学习活动是以冲裁 0.3 mm 厚铝件、教学培训用铝制模架的工字形弯曲模制作为例,对工字形模各零部件进行加工。通过本学习活动的学习,掌握零件图的识读以及对加工工艺的认知,重点掌握工字形弯曲模各零件的加工方法。

 知识链接

2.2.1　选择模具零件毛坯的方法

影响模具零件毛坯选择的因素很多,选择其毛坯主要从以下 3 个方面考虑:

(1)零件材料对加工工艺性能和力学性能的要求

一般零件材料一经选定,毛坯的种类和工艺方法也就基本上确定了。例如,当材料为铸铁、青铜、铸铝时,因为其具有良好的铸造性能,应选择铸件毛坯;尺寸较小、形状不复杂的钢质零件,力学性能要求也不太高,可直接采用型材作为毛坯;而加工要求较高的钢制零件,为了保证其有足够的力学性能,应选择锻件毛坯。

(2)零件的形状结构和尺寸

零件的形状结构和尺寸对选择毛坯有重要影响。例如,对于阶梯轴,如果各台阶直径相差不大,可采用棒料作为毛坯;各台阶直径相差很大时,则采用锻件作为毛坯。套类零件可采用轧制或铸造等方法成型。模座零件一般以铸铁件为毛坯,承受较大载荷的箱体可用铸钢件作为毛坯。

（3）生产类型

小批量生产的零件一般采用精度和生产率较低的毛坯制造方法,如铸件采用手工砂型,锻件采用自由锻。大批量生产的零件应采用高精度和高效率的毛坯制造方法,如铸件采用机器造型,锻件采用模锻等。

2.2.2   模具零件加工余量的确定方法

模具零件进行机械加工时,为了得到成品零件而从毛坯上切去的一层金属,称为加工余量,简称余量。

（1）经验估算法

由工艺人员根据经验确定加工余量。模具零件多数属于单件或小数量生产,为了确保余量足够,估计的加工余量一般偏大。这种方法在模具生产中应用较广。

（2）查表修正法

以生产实践和经验研究积累的有关加工余量的资料数据为基础,反复验证,列成表格,使用时按具体加工条件查表修正余量值。中小尺寸模具零件加工工序余量见表2-2-1。此法应用较广,查表时应注意表中数据的适用条件。

表 2-2-1   中小尺寸模具零件加工工序余量表

本工序—下工序		本工序 Ra 值	本工序单边余量/mm
锻	车、刨、铣	12.5 ~ 3.2	锻圆柱形,2 ~ 4 锻六方,3 ~ 6
车、刨、铣	粗磨、精磨	8 ~ 1.6 0.8 ~ 0.4	0.2 ~ 0.3 0.12 ~ 0.18
刨、铣、粗磨	外形线切割	1.6 ~ 0.4	装夹处:大于 10 非装夹处:5 ~ 8
精磨、插、仿形铣加工	钳工、锉修	3.2 ~ 1.6	0.05 ~ 0.15
铣、插	电火花	1.6 ~ 0.8	0.3 ~ 0.5
精铣、钳修、精车、磨、电火花、线切割	研、抛	1.8 ~ 0.4	0.005 ~ 0.01

2.2.3   常见的冲压材料

最常用的冲压材料是金属板料,有时也用非金属板料。常见的冲压材料分类见表2-2-2。

表 2-2-2　常见的冲压材料分类

金属板料	黑色金属	普通碳素钢钢板	常用的普通碳素钢钢板有 Q195,Q235 等
		优质碳素结构钢钢板	这类钢板的力学性能较好。其中,碳钢以低碳钢使用较多,常用牌号有 08,08F,10,20 等,冲压性能和焊接性能均较好,用以制造受力不大的冲压件
		低合金结构钢钢板	常用的如 Q345(16Mn),Q295(09Mn2)。用以制造有强度要求的重要冲压件
		电工硅钢板	常用的电工硅钢板有 DT1,DT2 等
		不锈钢板	常用的不锈钢板有 1Cr18Ni9Ti,1Cr13 等,用以制造有防腐蚀防锈要求的零件
	有色金属	铜及铜合金(如黄铜)	牌号有 T1,T2,H62,H68 等,其塑性、导电性与导热性均很好
		铝及铝合金	常用的牌号有 L2,L3,LF21,LY12 等,有较好塑性,变形抗力小且轻
非金属材料	胶木板、塑料板、橡胶		

2.2.4　冲压模具材料的选用

(1)工作零件材料的选用

模具工作部分材料对模具寿命及冲件的质量影响非常大。对于材料的选用,应根据不同的使用要求,考虑其经济性,并充分利用材料的特性,选择相适应的模具材料。有关模具材料的选择,可按不同的情况来分别考虑。

1)按模具材料的性质选择模具材料

模具材料的抗压强度和耐磨性增加,则韧性降低;反之,要使材料的韧性增加,则抗压强度和耐磨性就要有所降低。综合模具的寿命考虑,选择材料的方向应以提高其抗压强度和耐磨性为主,而设法充分利用材料本身的最大韧性(不开裂和不破损能力)。

从模具材料的耐用度出发,选择模具工作部分材料的顺序是:碳素工具钢→低合金钢→中合金钢→基体钢→高合金钢→高速钢→钢结硬质合金→硬质合金→细晶粒硬质合金。

2)按模具种类选择模具材料

由于不同冲压工序的受力方式和受力大小差异很大,因此,选择模具材料也应有所不同。

一般来说,冲压工序的综合性的受力由小到大的顺序是:弯曲→成形→拉深→冲裁→冷挤压→冷镦。也就是说,弯曲模的材料可以稍差些,而冷挤压模和冷镦模的材料应该是最好。

3)按冲件的产量选择模具材料

如果冲件的产量大,则需选耐磨性好的模具材料。因此,冲件的产量大小和模具材料的耐磨性也有一定的关系。

4)按冲件的材料选择模具材料

由于冲件材料的不同,模具承受的拉伸、压缩、弯曲、冲击、疲劳及摩擦等机械力也不同,作用力的大小及方式也不同。因此,对应不同的冲件材料,应选择不同的模具材料。

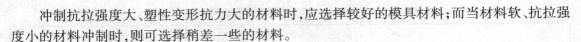

冲制抗拉强度大、塑性变形抗力大的材料时,应选择较好的模具材料;而当材料软、抗拉强度小的材料冲制时,则可选择稍差一些的材料。

5)采用新型的模具材料

目前,广泛采用的 Cr12Mn,Cr12,Cr12MoV 等冷作模具钢,由于碳化物容易形成网状和带状分布,往往使其强度和韧性不足,易造成模具的崩裂,且在热处理后,残余奥氏体又不稳定,容易造成变形、开裂及磨削裂纹等问题。为此,近年来各国学者研制出不少新型模具材料,使模具的加工工艺得到改善,模具寿命比原来有了明显的提高。

(2)工艺零件和结构零件材料的选用

模具工艺零件和结构零件等一般零件材料的选用除了考虑零件的作用功能外,还应注意到材料来源的方便性和价格的因素。

2.2.5　典型冲压模具材料及热处理

(1)薄板冲裁模用钢及热处理

常用薄板冲裁模用钢及热处理见表 2-2-3。

表 2-2-3　薄板冲裁模用钢及热处理

种　类	热处理与硬度	应　用
T10A	760~810 ℃水或油淬,160~180 ℃回火;硬度 590~62HRC	碳素工具钢,有一定强度和韧性。但耐磨性不高,淬火容易变形及开裂,淬透性差,只适用于工件形状简单、尺寸小、数量少的冲裁模具
CrWMn	淬火温度 820~840 ℃油冷,回火温度 200 ℃;硬度:60~62HRC	高碳低合金钢种,淬火操作简便,淬透性优于碳素工具钢,变形易控制。但耐磨性和韧性仍较低,应用于中等批量、工件形状较复杂的冲裁模具
9Mn2V	淬火温度 780~820 ℃油冷,回火温度 150~200 ℃,空冷;注意回火温度在 200~300 ℃有回火脆性和显著体积膨胀,应予避开;硬度 60~62HRC	
Cr12	取决于模具的使用要求,当模具要求比较小的变形和一定韧性时,可采用低温淬火、回火(Cr12 为 9 500~980 ℃淬火,1 500~200 ℃回火;Cr12MoV 为 10 200~1 050 ℃淬火,1 800~200 ℃回火)。若要提高模具的使用温度,改善其淬透性和红硬性,可采用高温淬火、回火(Cr12 为 10 000~1 100 ℃淬火,480~500 ℃回火)	高碳高铬钢,耐磨性较高,淬火时变形很小,淬透性好,可用于大批量生产的模具,如硅钢片冲裁模。但该类钢种存在碳化物不均匀性,易产生碳化物偏析,冲裁时容易出现崩刃或断裂。高铬钢在 275~375 ℃区域有回火脆性,应予避免
Cr12MoV	11 100~1 140 ℃淬火,5 000~520 ℃回火	

(2)新型冲压模具钢及热处理

为了弥补传统冲压模具钢种性能的不足,国内开发或引进了性能较好的新型冲压模具用钢,见表 2-2-4。

表 2-2-4　新型模具钢及热处理

种　类	热处理与硬度	应　用
Cr12Mo1V1（代号 D2）	热处理工艺与 Cr12 型钢相似	其冲击韧度、抗弯强度、挠度比 Cr12MoV 钢有所提高，耐磨性和抗回火稳定性也比 Cr12MoV 更高。可用深冷处理，提高硬度并改善尺寸稳定性。用 D2 钢制作的冲裁模具寿命要高于 Cr12MoV 钢模具
Cr6WV 钢	淬火温度 970～1 000 ℃，一般可热油或硝盐分级淬火冷却，尺寸不大的部件可采取空冷。淬火后应立即回火，回火温度 160～210 ℃，硬度 58～62HRC	高耐磨微变形高碳中铬钢，碳、铬含量均低于 Cr12 型钢，碳化物的分布状态较 Cr12MoV 均匀，具有良好的淬透性。热处理变形小，机械加工性能较好。抗弯强度、冲击韧度优于 Cr12MoV，只是耐磨性略低于 Cr12 型钢。用于承受较大冲击力的高硬度、高耐磨板料冲裁模，其效果好于 Cr12 型钢
Cr4W2MoV 钢	要求强度、韧性较高时，采用低温淬火、低温回火工艺：淬火温度 960～980 ℃，回火温度 280～320 ℃，硬度 60～62HRC。要求热硬性和耐磨性较高时，采用高温淬火、高温回火工艺：淬火温度 1 020～1 040 ℃，回火温度 500～540 ℃，硬度 60～62HRC。	高耐磨微变形高碳中铬钢，替代 Cr12 型钢而研制的钢种，碳化物均匀性好，耐磨性高于 Cr12MoV，适于制作形状复杂、尺寸精度要求高的冲压模具，可用于硅钢片冲裁模
7CrSiMnMoV（代号 CH-1）钢	空淬微变形低合金钢、火焰淬火钢，可利用火焰进行局部淬火，淬硬模具刃口部分。CH-1 钢的推荐热处理工艺：淬火温度 900～920 ℃，油冷，190～200 ℃ 回火 1～3 h，硬度 58～62HRC	具有良好的淬透性和淬硬性（可达 60HRC 以上），强度和韧性较高，崩刃后能补焊。可代替 CrWMn，Cr12MoV 钢，制作形状复杂的冲裁模
6CrNiSiMnMoV（代号 GD）钢	淬火温度 870～930 ℃（900 ℃ 最佳），盐浴炉加热（45 s/mm），油冷或空冷、风冷，175～230 ℃ 回火 2 h，硬度 58～62HRC。由于空冷即可淬硬，也可采用火焰加热淬火	高韧性低合金钢，淬透性好，空淬变形小，耐磨性较高。其强韧性显著高于 CrWMn 和 Cr12MoV 钢，不易崩刃或断裂。尤其适用于细长、薄片状凸模及大型、形状复杂、薄壁凸凹模
9Cr6W3Mo2V2（代号 GM）钢	淬火温度 1 080～1 120 ℃，硬度 64～66HRC。回火温度 540～560 ℃，回火二次	高耐磨高强韧合金钢，各项工艺性能良好，其耐磨性、强韧性、加工性能均优于 Cr12 型钢，能够用于高速压力机冲压下的多工位级进模等精密模具，是较理想的耐磨、精密冲压模具用钢
Cr8MoWV3Si（代号 ER5）钢	对高耐磨性、高强韧性的模具，采用 1 150 ℃ 淬火，520～530 ℃ 回火 3 次；对重载服役条件下的模具，采用 1 120～1 130 ℃ 淬火，550 ℃ 回火 3 次	属高耐磨高强韧合金钢，具有较好的电火花加工性能，强度、韧性、耐磨性都优于 Cr12 型钢，适用于大型精密冲压模具。用于硅钢片冲裁模，一次刃磨寿命为 21 万次，总寿命高达 360 万次，是目前合金钢冲模冲裁硅钢片的较高寿命水平

学习实施

(1) 制件图分析

某工字形弯曲零件如图 2-2-1 所示。材料为铝件,厚度为 0.3 mm,采用冲裁-弯曲复合冲压成形。其工艺分析见表 2-2-5。

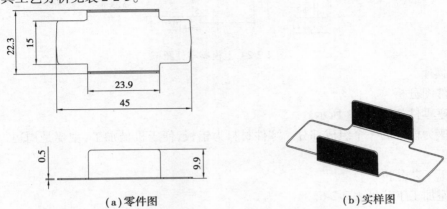

（a）零件图　　　　　　　　　（b）实样图

图 2-2-1　工字形弯曲零件图

表 2-2-5　工字形弯曲零件冲压工艺分析

项　目	分　析
零件形状和尺寸	零件为冲裁-弯曲零件,形状简单,外形及尺寸的工艺性较好。因工件的形状左右对称但四周有余量,故采用有废料排样的方式
零件精度	零件精度按 GB/T 1804-m
零件材料	该零件为铝件,厚度为 0.3 mm,具有良好的可冲压性能

(2) 零件的加工工艺分析及加工

其余 $\sqrt{Ra6.3}$

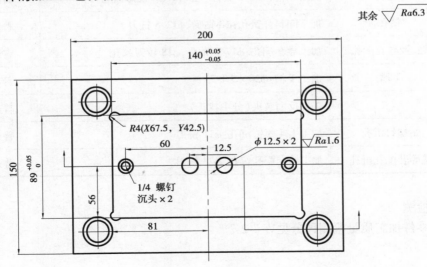

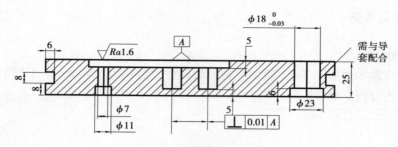

图 2-2-2 上模座零件图

1）上模座

①零件图分析

上模座零件如图 2-2-2 所示。

上模座为模架的一个组成部分。零件材料为铝板，便于机械加工，主要是周边、上下表面和孔的加工。

②加工工艺分析

上模座加工工艺见表 2-2-6。

表 2-2-6　上模座加工工艺

工序号	工序名称	工序内容	设备
1	下料	板材下料 210 × 160 × 28	锯床
2	装夹	工件装夹	普通铣床
3	铣削、磨削	铣、磨六面，控制尺寸 200 × 150 × 25	普通铣床
4	装夹	工件装夹（分中找正）	普通铣床
5	钻螺钉过孔	加工 1/4 螺钉过孔：$\phi 7$ 钻嘴	普通铣床
6	铣槽	加工凹槽：1. $\phi 12$ 铣刀（粗）；2. $\phi 8$ 铣刀（精）	普通铣床
7	钻孔	加工卸料弹簧孔：$\phi 8$ 钻嘴，$\phi 12.5$ 铣刀	普通铣床
8	钻、铰导套配孔	加工导套配孔：$\phi 17.5$ 钻头，$\phi 18$ 铰刀铰孔	普通铣床
9	T 槽	加工 T 槽：$\phi 20 \times 5$ T 刀	普通铣床
10	装夹	工件反面装夹（分中找正）	普通铣床
11	钻螺钉沉孔	加工 1/4 螺钉沉孔：$\phi 11$ 铣刀	普通铣床
12	铣导套配孔沉孔	加工导套配孔沉孔：$\phi 23$ 铣刀	普通铣床

③质量检测

上模座零件加工质量检测评分见表 2-2-7。

表 2-2-7　零件质量检测评分表

姓名			学　号			产品名称	工字形弯曲模	
班级						零件名称	上模座板	
名称	序号	检测项目	配分	评分标准		检测结果	扣分	得分
上模座板	1	$200 \times 150 \times 25$		8 分				
	2	$140 \times 89 \times 5$		8 分				
	3	$2\text{-}\phi12.5$	按标注公差检验，未标注公差范围的取 $-0.1 \sim +0.1$，在公差值范围内满分，公差范围外 0 分	16 分				
	4	2-1/4 沉头螺钉孔		16 分				
	5	$4\text{-}\phi18_{-0.03}^{\ 0}$ 沉孔		10 分				
	6	$\phi23$ 深 6		10 分				
	7	8		8 分				
	8	6		8 分				
	9	5		8 分				
	10	8		8 分				
其他	违反安全文明生产有关规定，酌情扣 2 ~ 10 分；出现重大安全事故按零分处理							
总　分			教师签名				时间	

2）凸模固定板

①零件图分析

凸模固定板零件图如图 2-2-3 所示。

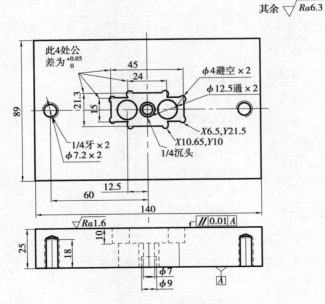

图 2-2-3　凸模固定板零件图

凸模固定板是将凸模固定在正确位置的零件。零件材料为铝板,便于机械加工。先铣削外形尺寸,再按图铣削型孔。最后铣螺钉孔及销钉孔。

②加工工艺分析

凸模固定板加工工艺见表2-2-8。

表 2-2-8 凸模固定板加工工艺

工序号	工序名称	工序内容	设备
1	下料	板材下料 150×100×28	锯床
2	装夹	工件装夹	普通铣床
3	铣、磨削	铣、磨六面,控制尺寸 140×89×25	普通铣床
4	装夹	工件装夹(分中找正)	普通铣床
5	铣凹槽	加工凹槽:$\phi6$ 铣刀(粗),$\phi4$ 铣刀(精)	普通铣床
6	钻 1/4 螺钉过孔	加工 1/4 螺钉过孔:$\phi7$ 钻嘴	普通铣床
7	钻通孔	加工凹模固定板弹簧通孔:$\phi12.5$ 钻嘴	普通铣床
8	装夹	工件反面装夹(分中找正)	普通铣床
9	铣 1/4 螺钉沉孔	加工 1/4 沉头孔:$\phi9$ 铣刀	普通铣床
10	攻牙	加工 1/4 螺钉孔:$\phi5.2$ 钻嘴,$\phi7.2$ 倒角刀,1/4 攻牙	普通铣床

③尺寸检测

凸模固定板加工质量检测评分见表2-2-9。

表 2-2-9 零件质量检测评分表

姓名					产品名称	工字形弯曲模	
班级						零件名称	凸模固定板
名称	序号	检测项目	配分	评分标准	检测结果	扣分	得分
凸模固定板	1	140×89×25	按标注公差检验,未标注公差范围的取 $-0.1 \sim +0.1$,在公差值范围内满分,公差范围外0分	8分			
	2	2-1/4 螺钉孔		16分			
	3	2-$\phi12.5$		16分			
	4	8-$\phi4$		20分			
	5	1/4 螺钉沉孔		8分			
	6	$45^{+0.05}_{0}$		8分			
	7	$24^{+0.05}_{0}$		8分			
	8	$21.3^{+0.05}_{0}$		8分			
	9	$16^{+0.05}_{0}$		8分			
其他	违反安全文明生产有关规定,酌情扣 2~10 分;出现重大安全事故按零分处理						
总 分				教师签名		时间	

3）凹模固定板

①零件图分析

凹模固定板零件图如图2-2-4所示。

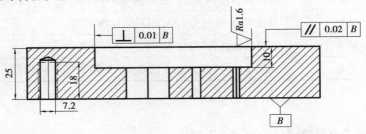

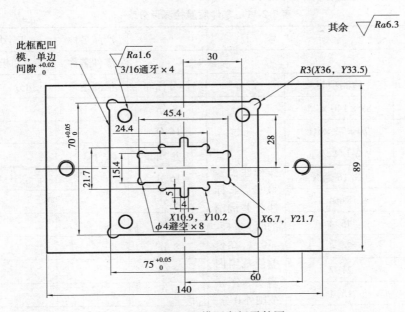

图2-2-4　凹模固定板零件图

凹模固定板是固定凹模的零件。零件材料为铝板，便于机械加工。先铣削外形尺寸，再按图铣削型孔。最后铣螺钉孔及销钉孔。

②加工工艺分析

凹模固定板加工工艺见表2-2-10。

表2-2-10　凹模固定板加工工艺

工序号	工序名称	工　序　内　容	设　备
1	下料	板材下料 150×100×28	锯床
2	装夹	工件装夹	普通铣床
3	铣、磨削	铣、磨六面，控制尺寸 140×89×25	普通铣床
4	装夹	工件装夹（分中找正）	普通铣床
5	铣凹槽	加工凹槽：φ12 铣刀（粗），φ6 铣刀（精）	普通铣床

续表

工序号	工序名称	工序内容	设备
6	铣通槽	加工通槽:φ10铣刀(粗),φ4铣刀(精)	普通铣床
7	攻牙	加工3/16螺钉孔:φ4.2钻嘴,3/16攻牙	普通铣床
8	装夹	工件反面装夹(分中找正)	普通铣床
9	攻牙	加工1/4螺钉孔:φ5.2钻嘴,φ7.2倒角刀,1/4攻牙	普通铣床

③尺寸检测

凹模固定板加工质量检测评分见表2-2-11。

表2-2-11 零件质量检测评分表

姓名			学　号			产品名称	工字形弯曲模		
班级						零件名称	凹模固定板		
名称	序号	检测项目	配分	评分标准		检测结果	扣分	得分	
凹模固定板	1	89×140×25	按标注公差检验,未标注公差范围的取-0.1~+0.1,在公差值范围内满分,公差范围外0分	8分					
	2	70×75×10		16分					
	3	2-1/4牙		8分					
	4	4-3/16通牙		16分					
	5	8-φ4		8分					
	6	45.4		8分			·		
	7	24.4		8分					
	8	21.7		8分					
	9	15.4		8分					
	10	R3		8分					
	11	4		2分					
	12	5		2分					
其他	违反安全文明生产有关规定,酌情扣2~10分;出现重大安全事故按零分处理								
总　分			教师签名				时间		

4)下模座

①零件图分析

下模座零件图如图2-2-5所示。

下模座是固定、支承的零件,将下模部分固定在冲床平台上,材料为铝板。先铣削外形尺寸,再钻销钉孔及落料孔。

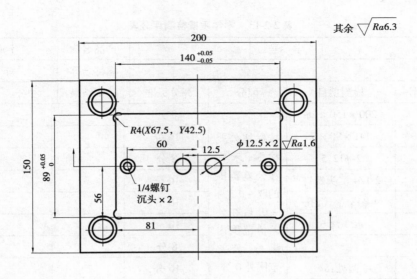

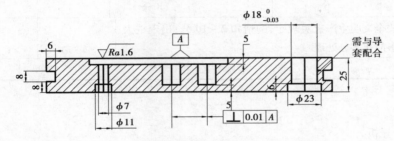

图 2-2-5　下模座零件图

②加工工艺分析

下模座加工工艺见表 2-2-12。

表 2-2-12　下模座加工工艺

工序号	工序名称	工序内容	设备
1	下料	板材下料 210×160×28	锯床
2	装夹	工件装夹	普通铣床
3	铣削	铣六面,控制尺寸 60×50×25	普通铣床
4	装夹	工件装夹(分中找正)	普通铣床
5	铣槽	加工凸模固定板槽:φ10 铣刀(粗),φ4 铣刀(精)	普通铣床
6	钻 1/4 螺钉过孔	加工 1/4 沉头孔:φ7 钻嘴	普通铣床
7	铣平底孔	加工弹簧平底孔:φ8 钻嘴,φ12.5 铣刀	普通铣床
8	钻、铰导套配孔通孔	加工导套配孔通孔:φ17.5 钻头,φ18 铰刀铰孔	普通铣床
9	装夹	工件反面装夹(分中找正)	普通铣床
10	铣 1/4 螺钉沉孔	加工 1/4 沉头孔:φ11 铣刀	普通铣床
11	铰导套配孔沉孔	加工导套配孔沉孔:φ23 铣刀	普通铣床

③尺寸检测

下模座加工质量检测评分见表 2-2-13。

表2-2-13 零件质量检测评分表

姓名			学号			产品名称	工字形弯曲模	
班级						零件名称	下模座	
名称	序号	检测项目		配分	评分标准	检测结果	扣分	得分
下模座板	1	$200 \times 150 \times 25$		按标注公差检验，未标注公差范围的取 $-0.1 \sim +0.1$，在公差值范围内满分，公差范围外0分	8分			
	2	$141 \times 90 \times 5$			16分			
	3	$2\text{-}\phi 12.5$			8分			
	4	2-1/4 沉头螺钉			16分			
	5	$4\text{-}\phi 18_{-0.03}^{0}$ 沉孔			10分			
	6	$\phi 23$ 深6			10分			
	7	5			8分			
	8	两处:8			16分			
	9	6			8分			
其他	违反安全文明生产有关规定,酌情扣 2 ~ 10 分;出现重大安全事故按零分处理							
总　分			教师签名				时间	

5)凸模

①零件图分析

凸模零件图如图2-2-6 所示。

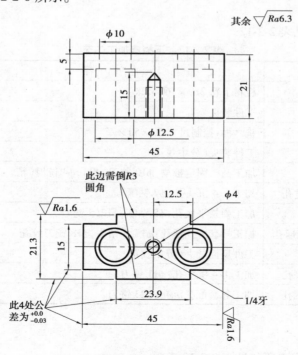

图 2-2-6 凸模零件图

凸模是成形零件,材料为 45 号钢,热处理是淬火。

②加工工艺分析

凸模加工工艺见表 2-2-14。

表 2-2-14　凸模加工工艺

工序号	工序名称	工序内容	设备
1	下料	板材下料 55×25×25	锯床
2	装夹	工件装夹	普通铣床
3	铣、磨削	铣、磨六面:控制尺寸 45×21.3×21,圆角 R3,45×21.3单边留磨余量 0.2 mm	普通铣床
4	装夹	工件装夹(分中找正)	普通铣床
5	铣平面	加工对称平面:控制尺寸 23.9×15,单边留磨余量 0.2 mm	普通铣床
6	钻孔	加工沉头孔:φ10 钻嘴,φ12.5 铣刀	普通铣床
7	攻牙	加工 1/4 螺钉孔:φ5.2 钻嘴,1/4 攻牙	普通铣床
8	热处理	表面淬火 50~55HRC	淬火炉
9	粗、精磨工作面	粗、精磨工作平面:留研磨余量 0.02 mm	工具磨条
10	研磨工作平面	研磨工作平面至最终尺寸	钳工

③尺寸检测

凸模加工质量检测评分表见表 2-2-15。

表 2-2-15　零件质量检测评分表

姓名		学　号				产品名称	工字形弯曲模	
班级						零件名称	凸模	
名称	序号	检测项目	配分	评分标准	检测结果	扣分	得分	
凸模	1	45×21.3×21		8 分				
	2	1/4 牙孔深 15	按标注公差检验,未标注公差范围的取 -0.1~+0.1,在公差值范围内满分,公差范围外 0 分	16 分				
	3	R3 圆角		10				
	4	2-φ12.5		16 分				
	5	2-φ10		16 分				
	6	$45_{-0.03}^{0}$		10 分				
	7	$23.9_{-0.03}^{0}$		8 分				
	8	$21.3_{-0.03}^{0}$		8 分				
	9	$15_{-0.03}^{0}$		8 分				
其他	违反安全文明生产有关规定,酌情扣 2~10 分;出现重大安全事故按零分处理							
总　分			教师签名			时间		

6)凹模

①零件图分析

凹模零件图如图 2-2-7 所示。

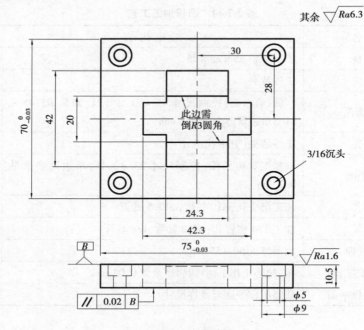

图 2-2-7　凹模零件图

凹模是成型零件,主要承受冲裁力。材料为 45 号钢,热处理淬火。淬火前,铣削外形尺寸,并与下模座配钻孔。

②加工工艺分析

凹模加工工艺见表 2-2-16。

表 2-2-16　凹模加工工艺

工序号	工序名称	工序内容	设备
1	下料	板材下料 85×80×14	锯床
2	装夹	工件装夹	普通铣床
3	铣、磨削	铣、磨六面:控制尺寸 75×70×10.5	普通铣床
4	装夹	工件装夹(分中找正)	普通铣床
5	钻孔	加工 3/16 螺钉沉头孔:$\phi5$ 钻嘴,$\phi9$ 铣刀	普通铣床
6	装夹	工件装夹(分中找正)	数控铣床
7	铣槽	铣工作面:$\phi4$ 铣刀(精);控制尺寸 42×24.3×0.5,42.3×20,R3;单边留磨余量 0.15 mm	数控铣床
8	热处理	表面淬火 50~55HRC	淬火炉
9	粗磨、精磨工作面	粗磨、精磨工作面:单边留研磨余量 0.02 mm	工具磨条
10	研磨工作面	研磨工作面至最终尺寸	钳工

③尺寸检测

凹模加工质量检测评分见表2-2-17。

表2-2-17　零件质量检测评分表

姓名			学　号			产品名称	工字形弯曲模	
班级						零件名称	凹模	
名称	序号	检测项目	配分	评分标准	检测结果	扣分	得分	
凹模	1	$75 \times 70 \times 10.5$	按标注公差检验，未标注公差范围的取$-0.1 \sim +0.1$，在公差值范围内满分，公差范围外0分	15分				
	2	$42 \times 24.3 \times 0.5$		20分				
	3	$R3$ 圆角		15分				
	4	4 处:3/16 沉头		20分				
	5	4 处:28		15分				
	6	4 处:30		15分				
其他	违反安全文明生产有关规定,酌情扣 2 ~ 10 分;出现重大安全事故按零分处理							
总　分			教师签名			时间		

 学习巩固

一、填空题

1. 经验估算法确定模具零件的加工余量时,一般由工艺人员根据_____确定加工余量。

2. 模具零件多数属于_____或小数量生产,为了确保余量足够,选定的加工余量一般_____。

3. 小批量生产的零件一般采用_____和_____较低的毛坯制造方法,如铸件采用手工砂型,锻件采用_____。

4. 大批量生产的零件应采用高精度和_____的毛坯制造方法。

5. _____是以生产实践和经验研究积累的有关加工余量的资料数据为基础,反复验证,列成表格,使用时按具体_____查表修正余量值。

6. 常用的普通碳素钢钢板有_____和_____等。

7. 对于冲裁模具,_____是决定模具寿命的重要因素。

8. 低合金结构钢板用以制造有_____要求的重要冲压件。

9. 冲压常用的有色金属材料有_____和_____。

10. T10A 只适用于工件形状简单、_____、数量少的冲裁模具。

二、选择题

1. 模具的合理间隙是靠( )刃口尺寸及公差来实现。

A. 凸模　　　　　B. 凹模　　　　　C. 凸模和凹模　　　　D. 凸凹模

2. 加工要求较高的钢制零件,为了保证其有足够的力学性能,应选择(　　)毛坯。

A. 原型材　　　　　　B. 铸件　　　　　　C. 半成品件　　　　　　D. 锻件

3. 对于阶梯轴,如果各台阶直径相差不大,可采用(　　)作为毛坯。

A. 原型材　　　　　　B. 铸件　　　　　　C. 棒料　　　　　　D. 锻件

4. T10A 回火的温度是(　　)。

A. 168～180 ℃　　　　B. 180～200 ℃　　　　C. 200～220 ℃　　　　D. 220～240 ℃

5. Cr6WV 钢热处理后的硬度为(　　)。

A. 44～58HRC　　　　B. 58～62HRC　　　　C. 62～76HRC　　　　D. 76～90HRC

三、简答题

1. 简述模具毛坯的选择方法。

2. 简述模具零件的加工余量的确定方法。

3. 模具材料主要包括哪些?

4. 简述新型模具钢 9Cr6W3Mo2V2(代号 GM)钢的特点及应用。

5. 简述薄板冲裁模用钢 CrWMn 的特点及应用。

四、综合训练

完成如图 2-2-2—图 2-2-7 所示的铝制模架工字形弯曲模模具零件的加工。

 学习评价

学习评价自评表

班级		姓名		学号		日期	年　月　日		
评价指标	评价要素				权重	等级评定			
						A	B	C	D
信息检索	能有效利用网络资源、工作手册查找有效信息				5%				
	能用自己的语言有条理地去解释、表述所学知识				5%				
	能将查找到的信息有效转换到工作中				5%				
感知工作	是否熟悉你的工作岗位,认同工作价值				5%				
	在工作中,是否获得满足感				5%				
参与状态	与教师、同学之间是否相互尊重、理解、平等				5%				
	与教师、同学之间是否能够保持多向、丰富、适宜的信息交流				5%				
	探究学习,自主学习不流于形式,处理好合作学习和独立思考的关系,做到有效学习				5%				
	能提出有意义的问题或能发表个人见解;能按要求正确操作;能够倾听、协作分享				5%				
	积极参与,在产品加工过程中不断学习,综合运用信息技术的能力提高很大				5%				
学习方法	工作计划、操作技能是否符合规范要求				5%				
	是否获得了进一步发展的能力				5%				
工作过程	遵守管理规程,操作过程符合现场管理要求				5%				
	平时上课的出勤情况和每天完成工作任务情况				5%				
	善于多角度思考问题,能主动发现、提出有价值的问题				5%				
思维状态	是否能发现问题、提出问题、分析问题、解决问题、创新问题				5%				
自评反馈	按时按质完成工作任务				5%				
	较好地掌握了专业知识点				5%				
	具有较强的信息分析能力和理解能力				5%				
	具有较为全面、严谨的思维能力,并能条理明晰、表述成文				5%				
自评等级									
有益的经验和做法									
总结反思建议									

等级评定:A.好　　B.较好　　C.一般　　D.有待提高

学习活动 2.3　工字形弯曲模的装配与调试

学习目标

知识点：

- 理解弯曲模的装配顺序和步骤。
- 理解弯曲模的调试内容和要求。
- 理解弯曲模调试的注意事项。
- 理解弯曲模试冲时的常见故障、原因和处理方法。

技能点：

- 会装配弯曲模。
- 能在冲床上安装、调试弯曲模。

活动描述

　　本学习活动是了解和掌握工字形弯曲模的装配和调试。通过本学习活动的学习，重点掌握工字形弯曲模的装配工艺过程、方法及工作零件的装配、固定方法。

知识链接

2.3.1　曲柄压力机的概念

　　曲柄压力机也称冲床，是冲压加工时广泛采用的一种冲压设备。按床身结构不同，曲柄压力机可分为开式压力机和闭式压力机两种，见表 2-3-1。

表 2-3-1　曲柄压力机的分类

分类	说　明	图　示
开式压力机	开式压力机的床身前面及左右三面敞开，操作空间大。但床身刚度较差，压力机在工作负荷的作用下会产生变形，影响加工精度 　开式压力机的公称压力比较小，一般在 2 000 kN 以下	

续表

分类	说　明	图　示
闭式压力机	闭式压力机床身左右两侧是封闭的,只能从前后方向接近模具,装模距离较远,操作不太方便。但因床身形状对称,刚性较好,冲压精度高 　　公称压力超过 2 500 kN 的大、中型压力机,以及精度要求较高的小型压力机常采用此种结构形式	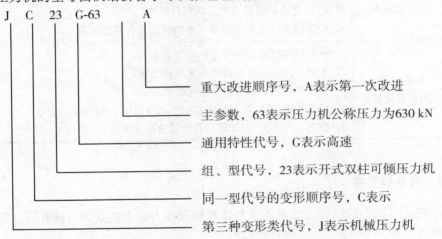

曲柄压力机的型号由汉语拼音字母和数组组成,如 JC23G-63A,即

J　C　23　G-63　　A

重大改进顺序号,A表示第一次改进

主参数,63表示压力机公称压力为630 kN

通用特性代号,G表示高速

组、型代号,23表示开式双柱可倾压力机

同一型代号的变形顺序号,C表示

第三种变形类代号,J表示机械压力机

2.3.2　冲模的安装要求

冲模的安装要求如下:

①合理选择压力机,保证压力机吨位大于冲模的冲裁力。

②安装冲模前,应对压力机进行常规检查,尤其是按压压力机启动手柄或脚踏板时,压力机滑块不应有连冲现象,否则易造成操作者人身事故。

③压力机工作台面与模具底面要清理干净,不得有任何污物及金属废屑,以免影响试冲质量。

④使用压板紧固下模时,螺栓、螺母和压板应采用专用件,且压板的工作基面应平行于压力机的工作台面,以保证模具安装可靠。

⑤对于冲裁制件厚度小于 2 mm 的冲裁模,凸模进入凹模的深度不应超过 0.8 mm。

⑥冲模安装后,凸模的中心线应与凹模工作平面垂直,且保证凸模与凹模间隙均匀。

冲模安装前的准备工作见表 2-3-2。

表 2-3-2　冲模安装前的准备工作

序号	准备工作	说　明
1	熟悉冲模	1. 熟悉冲压制件零件图 2. 熟悉冲压工艺 3. 熟悉冲模结构及动作原理 4. 熟悉冲模安装方法
2	检查冲模安装条件	1. 模具的闭合高度应与选用的冲床相适应 2. 压力机的公称压力应满足冲模工艺力的要求 3. 冲模的安装槽(孔)位置应与压力机一致 4. 托杆直径及长度和下模座的托杆位置应与压力机相适应 5. 打料杆的长度与直径应与压力机上的打料机构相适应
3	检查压力机的技术状态	1. 检查压力机的刹车、离合器及操作机构是否工作正常 2. 检查压力机上的打料螺钉,并把它调整到适当位置,以免调节滑块的闭合高度时,顶弯或顶断压力机上的打料机构 3. 检查压力机上的压缩空气垫的操作是否灵活可靠
4	检查冲模的表面质量	1. 据冲模图样检查冲模零件是否齐全 2. 了解冲模对调整与试冲有无特殊要求 3. 检查冲模表面是否符合技术要求 4. 根据冲模结构,应预先考虑试压程序及前后相关联的工序 5. 检查工作部分、定位部分是否符合图样要求

2.3.3　弯曲模安装

弯曲模在压力机上的安装方法基本上与落料模在压力机上的安装方法相同。其在安装过程中的调整方法如下:

①有导向装置的弯曲模,调整安装比较简单,上模与下模相对位置及间隙均由导向零件决定。

②无导向装置的弯曲模,上、下模的位置需要用测量间隙法或用垫片法来调整,如果冲压模具有对称、直壁的制件(如 U 形弯曲件),在安装模具时,可先将上模紧固在压力机滑块上,下模在工作台上暂不固定。然后在凹模孔壁口放置与制件材料等厚的垫片,再使上、下模吻合就能达到自动对准,且间隙均匀,再把下模紧固。待调整好闭合高度后,即可试冲。所用的垫片最好选用样件,这样可便于调整间隙,也可避免碰坏凸、凹模。

2.3.4　模具调试

模具调试的目的如下:

①鉴定模具是否能稳定地加工出合格的制件。冲压制件从产品设计、工艺设计、模具设计、模具零件制造、模具装配,直至制件被加工出来,其中任何一项工作产生失误,都有可能影响制件的质量。因此,模具必须经过试冲,然后根据试冲制件中存在的问题,进行分析、修正,以保证模具能稳定地冲制出合格的制件。

②通过试冲,可鉴别模具的安装、送料、定位、卸料及取件等操作是否方便、可靠、安全。

③通过试冲,还可确定成形制件的毛坯形状和尺寸。在冲模制造时,有些形状复杂或精度要求较高的弯曲、拉深、成形等制件,其坯料尺寸和形状很难在设计时进行精确的计算。为了能获得精确的坯料形状和尺寸,可在试冲过程中,通过调整、试验,从而确定坯料的形状和尺寸。

 学习实施

(1)工字形弯曲模的装配过程

工字形弯曲模的装配过程见表2-3-3。

表 2-3-3　工字形弯曲模的装配过程

序号	零件名称	实物图	使用工具	备　注
1	下模座		手工	取出下模座准备装配
2	导柱		铜棒	使用铜棒将导柱敲入下模座
3	凹模固定板		手工	取出凹模固定板准备装配
4	凹模		手工	把凹模放入凹模固定板中

续表

序号	零件名称	实物图	使用工具	备 注
5	凹模固定螺钉		内六角扳手	使用内六角扳手把螺钉拧入凹模
6	顶出件弹簧		手工	把弹簧放入弹簧孔,保持竖直
7	顶出件		手工	取出顶出件准备装配
8	挡销		铜棒	使用铜棒把挡销敲入顶出件
9			手工	把步骤 8 完成的装配放入步骤 2 完成的装配中

续表

序号	零件名称	实物图	使用工具	备　注
10			手工	把步骤 5 完成的装配放入步骤 9 完成的装配上
11	凹模固定板定位销			使用铜棒把定位销敲入凹模固定板
12	凹模固定板固定螺钉		内六角扳手	使用内六角扳手把螺钉拧入凹模固定板,下模部分装配完毕
13	上模座		手工	取出上模座准备装配
14	导套		铜棒	使用铜棒把导套敲入上模座

续表

序号	零件名称	实物图	使用工具	备　注
15	凸模固定板		手工	取出凸模固定板准备装配
16	凸模		手工	把凸模放入凸模固定板
17	凸模固定螺钉		内六角扳手	使用内六角扳手把螺钉旋入凸模
18	卸料件		手工	把卸料件放入凸模上对应的孔中
19	卸料件弹簧		手工	把卸料件弹簧放入步骤 14 完成的装配中

续表

序号	零件名称	实物图	使用工具	备　注
20			手工	把步骤 18 完成的装配放入步骤 19 完成的装配中
21	凸模固定板定位销		铜棒	使用铜棒把定位销敲入凸模固定板 
22	凸模固定板固定螺钉		内六角扳手	使用内六角扳手把螺钉拧入凸模固定板,上模部分安装完毕 
23			吊环、通用手柄、钢丝绳、行车、铜棒	把步骤 22 组装完成的上模部分装配到步骤 12 组装完成的下模部分

(2)工字形弯曲模的安装

以在微型冲压机上安装冲模为例,工字形弯曲模的安装过程见表 2-3-4。

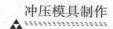
表 2-3-4　工字形弯曲模在压力机上的安装

序号	操作流程	说　明
1		把已经装配好的弯曲模放入拉伸机的工作台
2		重新调整模具在工作台中的位置
		转动急停按钮(开机时,旋转急停开关才可按启动按钮,同时可在遇到问题时立刻切断电源,起保护作用)
3		点击启动按钮,开启机器的总电源,并且电源指示灯亮

续表

序号	操作流程	说　明
4		在机器工作面板上,调整"开合模速度"旋转按钮,使开、合模速度在50%左右
5		根据模具工作合模的高度,将上模固定板下方活塞杆上的下行限位感应器适当的调节
6		调整上、下固定板上的压紧块,使两压紧块的距离大于模具的长度
7		在机器工作面板上,将开合模控制开关转向合模,直到上模固定碰到上模座为止
8		

续表

序号	操作流程	说　明
8		分别把上、下模推入压紧块中，并且用内六角扳手紧固压紧块螺钉
9		根据模具开模需要的高度，适当的调整上模固定板上方的上行感应器（保证开模后，可用镊子夹出产品即可）

序号	操作流程	说　明
10		将控制开关转向开模
11		开模距离调整好后,在机器面板上,将开合模控制开关,拧到合模指示上,直到模具合到工作合模状态
12		模具合到工作合模状态以后,再一次将上模固定板下的下行限位感应器调整,下行限位感应器的感应头碰到上模固定板
13		上、下行限位开关的位置调整好后,在机器面板上,将开模控制开关转向开模,使上、下模处于开模状态

续表

序号	操作流程	说　明
14		模具处于开模状态后，用镊子夹着半产品放入凹模槽上
15		半产品放好以后，在机器面板上将开合模控制开关转向合模指示，模具合模，试冲第一个产品
16		模具合到工作合模状态后，在机器面板上将开合模控制开关转向开模指示上，上、下模开始分开

序号	操作流程	说　明
17		冲压弯曲完成以后,用镊子夹出产品,或用风枪吹出产品
18		如果在光线不好的情况下,可开启工作灯
19		根据不同的模具使用自动化送料,将机器上的气源连接上

续表

序号	操作流程	说　明
19		
20		调试气动送料,将料带从右向左穿过气动送料机构上的导料槽
21		将料带穿过导料槽以后,在穿过压紧座下面的导向槽
22		料带穿过气动送料机构以后,再将模具处于开模状态,将料带穿过上、下模之间

序号	操作流程	说　明
23		料带穿过模具之后,再将料带穿过固定料架上的导向槽,并将料带圈入储料轮上
24		模具试冲,检查已冲过产品孔的料带上的孔距
25		如果送料步距与导料销的距离不等时,调整气缸右下角的螺母(长螺杆上的螺母)根据导料销的距离来调节气缸的运动行程
26		经过调整送料步距以后,废料带上的孔的距离应该是有一定的距离,并且是相等的

续表

序号	操作流程	说　明
26		
27		模具工作完成以后,进行模具检查和保养,防止模具生锈和掉零件
28		将开合模控制开关拧到合模,使模具进行合模状态
29		将模具合拢以后,用六角匙松掉上、下模固定板和模具上、下模座里的码模槽中的压紧块,并移动压紧块,使两压紧的距离大于模具的长度
30		

续表

序号	操作流程	说　明
31		完成以上操作以后,将开合模控制按钮拧到开模指示上,上模固定板移动到开模状态
32	 	压紧块拆卸完以后,将模具从拉伸机工作台中取出模具

（3）弯曲模试冲时常见的故障及处理

弯曲模试冲时常见的故障、原因和处理方法见表 2-3-5。

表 2-3-5　弯曲模试冲时常见故障、原因及处理方法

常见故障	产生原因	调整方法
弯曲角度不够	凹、凸模的回弹角制造过小	加大回弹角
	凹模进入凸模的深度太浅	调节冲模闭合高度
	凹、凸模之间的间隙过大	调节间隙值
	试模材料不对	更换试模材料
	弹顶器的弹力太小	加大弹顶器的弹顶力
弯曲位置偏移	定位板的位置不对	调整定位板位移
	凹模两侧进口圆角大小不等,材料滑动不一致	修磨凹模圆角
	没有压料装置或压料装置的压力不足和压板位置过低	加大压料力
	凸模没有对正凹模	调整凸模、凹模位置
冲件的尺寸过长或不足	凸模、凹模之间的间隙过小,材料被挤长	调整凸模、凹模间隙
	压料装置压力过大,将材料拉长	减小压料力
	设计时计算错误或不正确	改变坯料尺寸
冲件外部有光亮的缺陷	凹模的圆角半径过小,冲件表面被划痕	加大圆角半径
	凸、凹模之间的间隙不均匀	调整凸、凹模间隙
	凸、凹模表面粗糙度太大	抛光凸、凹模表面

 学习巩固

一、填空题

1. 曲柄压力机也称_____,是冲压加工时广泛采用的一种冲压设备。

2. _____压力机的公称压力比较小,一般在 2 000 kN 以下。

3. 闭式压力机床身左右两侧是_____,只能从_____接近模具,装模距离较远,操作不太方便。但因床身形状对称,刚性较好,冲压精度高。

4. 公称压力超过 2 500 kN 的大、中型压力机,以及精度要求较高的小型压力机常采用_____模式 。

5. 对于冲裁制件厚度小于 2 mm 的冲裁模,凸模进入凹模的深度不应超过_____。

6. 有导向装置的弯曲模,调整安装比较简单,上模与下模相对位置及间隙均由_____决定。

7. 无导向装置的弯曲模,上、下模的位置需要用_____或用_____来调整。

8. 鉴定模具是否能稳定地加工出合格的制件;可以鉴别模具的安装、送料、定位、卸料及取件等操作是否方便、可靠、安全;还可确定_____。

9. 弯曲模试冲时，凹、凸模之间的间隙过大，会导致弯曲件_____。

10. 弯曲模试冲时，压料装置压力过大，会导致_____。

二、选择题

1. 合理选择压力机时，应保证压力机吨位（　　　）冲模的冲裁力。

A. 大于　　　　　　　　B. 小于　　　　　　　　C. 等于

2. 使用压板紧固下模时，螺栓、螺母和压板应采用专用件，且压板的工作基面应（　　　）于压力机的工作台面，以保证模具安装可靠。

A. 平行　　　　　　　　B. 垂直　　　　　　　　C. 倾斜

3. 以下哪个选项有可能造成工字形弯曲模弯曲位置偏移？（　　　）

A. 凹、凸模的回弹角制造过小

B. 凸、凹模之间的间隙不均匀

C. 凸模、凹模之间的间隙过小

D. 没有压料装置或压料装置的压力不足和压板位置过低

4. 以下哪个选项有可能造成工字形弯曲模冲件外部有光亮的缺陷？（　　　）

A. 凹、凸模的回弹角制造过小

B. 凸、凹模之间的间隙不均匀

C. 凸模、凹模之间的间隙过小

D. 没有压料装置或压料装置的压力不足和压板位置过低

5. 以下哪些选项属于冲模安装前需做的准备工作？（多选）（　　　）

A. 熟悉冲模结构及动作原理

B. 模具的闭合高度应与选用的冲床相适应

C. 检查压力机的刹车、离合器及操作机构是否工作正常

D. 检查压力机上的打料螺钉，并把它调整到适当位置

三、简答题

1. 请解释曲柄压力机型号 JC23G-63A 代号中字母和数字的含义。

2. 简述冲模安装前的准备工作。

3. 简述工字形弯曲模的装配过程。

4. 简述模具调试的目的。

5. 简述有导向装置和无导向装置弯曲模安装过程中的调整方法的异同点。

四、综合训练

按表 2-3-3 完成铝制模架工字形弯曲模的装配，并在冲床上安装调试合格。

学习评价

学习评价自评表

班级		姓名		学号		日期	年 月 日		
评价指标	评价要素				权重	等级评定			
						A	B	C	D
信息检索	能有效利用网络资源、工作手册查找有效信息				5%				
	能用自己的语言有条理地去解释、表述所学知识				5%				
	能将查找到的信息有效转换到工作中				5%				
感知工作	是否熟悉你的工作岗位,认同工作价值				5%				
	在工作中,是否获得满足感				5%				
参与状态	与教师、同学之间是否相互尊重、理解、平等				5%				
	与教师、同学之间是否能够保持多向、丰富、适宜的信息交流				5%				
	探究学习,自主学习不流于形式,处理好合作学习和独立思考的关系,做到有效学习				5%				
	能提出有意义的问题或能发表个人见解;能按要求正确操作;能够倾听、协作分享				5%				
	积极参与,在产品加工过程中不断学习,综合运用信息技术的能力提高很大				5%				
学习方法	工作计划、操作技能是否符合规范要求				5%				
	是否获得了进一步发展的能力				5%				
工作过程	遵守管理规程,操作过程符合现场管理要求				5%				
	平时上课的出勤情况和每天完成工作任务情况				5%				
	善于多角度思考问题,能主动发现、提出有价值的问题				5%				
思维状态	是否能发现问题、提出问题、分析问题、解决问题、创新问题				5%				
自评反馈	按时按质完成工作任务				5%				
	较好地掌握了专业知识点				5%				
	具有较强的信息分析能力和理解能力				5%				
	具有较为全面、严谨的思维能力,并能条理明晰、表述成文				5%				
自评等级									
有益的经验和做法									
总结反思建议									

等级评定:A.好　　B.较好　　C.一般　　D.有待提高

学习任务 **3**
侧孔 U 形级进模的制作

学习目标

知识点：
- 了解级进模的概念和分类。
- 理解级进模的特点和适用场合。
- 理解级进模的结构组成和工作原理。
- 了解级进模凸模长度的设计原则。
- 理解模具零件加工的工艺方法和工艺规程。
- 认识模具材料的热处理工艺。
- 理解级进模的装配顺序和步骤。
- 理解级进模的调试内容和要求。
- 理解级进模调试的注意事项。
- 理解级进模试冲时常见故障、原因和调整方法。

技能点：
- 熟悉级进模结构零部件名称及作用。
- 会分析级进模零件图。
- 会选择合适的加工工艺方法加工级进模零件。
- 会操作模具零件的加工设备。
- 会正确利用测量工具检测级进模零件。
- 会装配级进模。
- 能在冲床上安装、调试级进模。

建议学时

- 98 学时。

工作流程与活动

- ◆ 学习活动 3.1：侧孔 U 形级进模的结构和工作原理。
- ◆ 学习活动 3.2：侧孔 U 形级进模的加工。

◆ 学习活动 3.3：侧孔 U 形级进模的装配与调试。

任务描述

接某五金厂订单，需加工如图 3-1 所示的侧孔 U 形件 100 000 件，加工费 0.05 元/件，工期 15 天。如采用传统的机加工方法进行生产，不能够实现批量生产，生产效率低，加工成本高，故考虑采用侧孔 U 形级进模进行冲压加工。

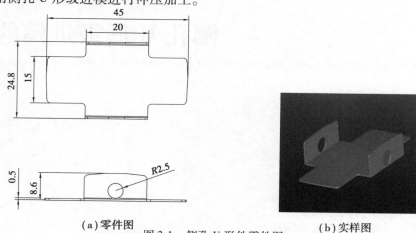

（a）零件图   （b）实样图

图 3-1   侧孔 U 形件零件图

冲压加工该侧孔 U 形件的侧孔 U 形级进模装配图如图 3-2 所示。须先制作该级进模，为批量冲压加工该侧孔 U 形件作好准备。

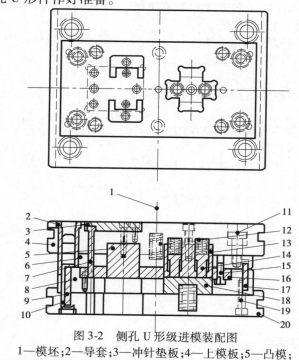

图 3-2   侧孔 U 形级进模装配图

1—模坯；2—导套；3—冲针垫板；4—上模板；5—凸模；
6—卸料板；7—冲针；8—凹模固定板；9—定位销；10—导柱；
11—卸料螺钉；12—弹簧；13—凸模；14—卸料块；15—挡料销；
16—凹模；17—导料销；18—反压板；19—内六角螺钉；20—下模板

学习活动 3.1　侧孔 U 形级进模的结构和工作原理

学习目标

知识点:

- 了解级进模的概念和分类。
- 理解级进模的特点和适用场合。
- 理解级进模的结构组成和工作原理。

技能点:

- 熟悉级进模结构的零部件名称及作用。

活动描述

本学习活动是要了解和掌握侧孔 U 形级进模的结构和工作原理。通过本学习活动的学习,掌握 U 形级进模的结构和工作原理。

知识链接

3.1.1　级进模的概念

级进模又称连续模、自动模、跳步模,由多个工位组成,各工位按顺序关联完成不同的加工,在冲床的一次行程中完成一系列不同的冲压加工。一次行程完成以后,由冲床送料机按照一个固定的步距将材料向前移动,这样在一副模具上就可以完成多个工序,一般有冲孔、落料、折弯、切边、拉伸等。

3.1.2　级进模的分类

①按送料的方式,可分为一级送料级进模和二级送料级进模。
②按完成的工序不同,可分为冲裁类级进模和成形类级进模。
③按模具的组合方式,可分为模板式结构和模块式结构两类。
④按模具的导向形式,可将其分为导板导向式结构和导柱导向式结构两类。
⑤按冲压的特点分类,如:以冲裁为主的有冲孔-落料级进模;以弯曲为主的冲废料-压弯-切断级进模;以拉伸为主的多工位连续拉深级进模;以成形为主的冲孔-翻孔-压包-落料级进模,等等。

3.1.3　多工位级进模的特点

多工位级进模是能在冲压机的一次行程中,在不同的工位完成两个或两个以上冲压工序的级进模。其中,冲压工序包括冲裁、弯曲、成形、拉深等。

多工位级进模的主要特点如下:

①在一副模具中,可以连续冲压多道工序,从而免去了用单工序模的周转和每次冲压的定位过程,提高了劳动生产率和设备利用率。

②适合大批量中小型定型产品零件的生产,冲压精度高。尺寸一致性好,冲件均具有很好的互换性。

③可实现自动化生产。当模具调整好后,料带经过自动送料装置自动送料,自动进行生产。

④模具制造周期较长、成本高,但生产成本较低。

3.1.4 多工位级进模适用的场合

尽管多工位级进模有许多特点,但由于制造周期相对长,成本相对高,应用时必须慎重考虑,合理选用多工位级进模,应符合以下情况:

①制品应该是定型产品,而且需要量确实比较大。

②不适合采用单工序模冲制。

③不适合采用复合模冲制。

④冲压用的材料长短、厚薄比较适宜。制件的形状与尺寸大小适当。

 学习实施

(1)侧孔 U 形级进模零部件及其作用

侧孔 U 形级进模零部件及其作用见表 3-1-1。

表 3-1-1　侧孔 U 形级进模零部件及作用

零件编号	零件名称	3D 图	材 质	作 用	备 注
0	产品		0.3 mm厚铝板		
1	上模座		45#	与冲压机运动部分固定	侧面开设码模槽
2	凸模固定板固定螺钉		45#	联接凸模固定板和上模座	

零件编号	零件名称	3D 图	材　质	作　用	备　注
3	导套		45#	相互配合,对模具进行导向	
4	导柱		SUJ2		
5	下模座		45#	与冲压机的工作台面固定	侧面开设码模槽
6	凹模固定板		45#	用于安装凹模	一般都采用组合式,方便更换
7	凹模固定板固定螺钉		45#	联接凹模固定板和下模座	
8	凹模固定板定位销		SUJ2	安装螺钉之前,对凹模固定板先进行定位	
9	卸料件弹簧		65Mn	提供弹力给卸料件	
10	凸模固定螺钉		45#	联接凸模和凸模固定板	

续表

零件编号	零件名称	3D图	材质	作用	备注
11	卸料板		45#	把产品从凸模上卸下来	设计时,要估算顶出力和卸料力
12	凹模		45#	与凸模相互配合,形成所需产品的形状	冲压时,两者需承受较大冲压力,应满足其强度和刚度的要求
13	凹模固定螺钉		45#	联接凹模和凹模固定板	
14	弯曲凸模		45#	功能与弯曲凹模一样	
15	凸模		45#	功能与凹模一样	
16	限位螺钉		45#	限制卸料板的运动距离	
17	推件块		45#	用于固定弹簧	

零件编号	零件名称	3D 图	材 质	作 用	备 注
18	冲针		GGG70L	用于冲孔	
19	冲针垫板		45#	固定冲针	
20	挡料销		45#	用于定位	

（2）侧孔 U 形级进模的工作原理

侧孔 U 形级进模的工作原理见表 3-1-2。该模具为冲孔-落料-弯曲二工位级进模。

表 3-1-2　侧孔 U 形级进模的运动原理

模具状态	运动过程		
	状态	状态图	运动原理
合模	初始状态		
	放入材料		工作时上模座上行,将毛坯送入模具,通过导料销对毛坯进行导向及定位销进行定位,以保证毛坯在冲压时的正确位置

续表

模具状态	运动过程		
	状态	状态图	运动原理
合模	凸模部分开始运动		首先上模座第一次下行时,通过冲针进行第一个定位孔冲裁
	卸料板停止		随后将定位孔套到定位销上,第二次上模座下行时,由卸料板将毛坯压紧。通过凸模和冲针来完成冲孔工序
	凸模相关部件开始运动		之后按定位销孔前移至第二个定位销处,第三次上模下行时,卸料板将毛坯压紧,此时凸模开始落料,之后进行弯曲
	凸模部分停止		开模时,上模座上行,反压板将工件从凹模内突出。废料由卸料板突出凸模。同时,完成前两工位的冲裁
开模	开模过程是合模过程的逆过程		

 学习巩固

一、填空题

1. 级进模又称_____,由_____工位组成,各工位按_____完成不同的加工,在冲床的_____中完成一系列的不同的冲压加工。

2. 级进模按送料的方式,可分为_____和_____两类。

3. 级进模按完成的工序不同,可分为_____和_____两类。

4. 级进模按模具的组合方式,可分为_____和_____两类。

5. 级进模按模具的导向形式,可将其分为_____和_____两类。

6. 级进模按冲压的特点分类,如:以冲裁为主的有_____;以弯曲为主的_____;以拉伸为主的_____;以成形为主的_____等。

7. 多工位级进模是能在冲压机的一次行程中,在_____的工位完成_____冲压工序的级进模。其中,冲压工序包括_____、_____、_____、_____等。

8. 多工位级进模冲压用的材料长短、厚薄比较_____,制件的形状与尺寸大小_____。

9. 多工位级进模适合大批量_____的生产,冲压精度高。_____一致性好,冲件均具有很好的_____。

10. 多工位级进模模具_____较长、成本高,但_____较低。

二、简答题

1. 什么是模具制造工艺及其特点?

2. 什么是模具的生产过程?

3. 如何识读工序卡?

4. 什么是工艺过程卡?

5. 什么是工序卡?

学习评价

学习评价自评表

班级		姓名		学号		日期	年　月　日		
评价指标	评价要素				权重	等级评定			
						A	B	C	D
信息检索	能有效利用网络资源、工作手册查找有效信息				5%				
	能用自己的语言有条理地去解释、表述所学知识				5%				
	能将查找到的信息有效转换到工作中				5%				
感知工作	是否熟悉你的工作岗位,认同工作价值				5%				
	在工作中,是否获得满足感				5%				
参与状态	与教师、同学之间是否相互尊重、理解、平等				5%				
	与教师、同学之间是否能够保持多向、丰富、适宜的信息交流				5%				
	探究学习,自主学习不流于形式,处理好合作学习和独立思考的关系,做到有效学习				5%				
	能提出有意义的问题或能发表个人见解;能按要求正确操作;能够倾听、协作分享				5%				
	积极参与,在产品加工过程中不断学习,综合运用信息技术的能力提高很大				5%				
学习方法	工作计划、操作技能是否符合规范要求				5%				
	是否获得了进一步发展的能力				5%				
工作过程	遵守管理规程,操作过程符合现场管理要求				5%				
	平时上课的出勤情况和每天完成工作任务情况				5%				
	善于多角度思考问题,能主动发现、提出有价值的问题				5%				
思维状态	是否能发现问题、提出问题、分析问题、解决问题、创新问题				5%				
自评反馈	按时按质完成工作任务				5%				
	较好地掌握了专业知识点				5%				
	具有较强的信息分析能力和理解能力				5%				
	具有较为全面、严谨的思维能力,并能条理明晰、表述成文				5%				
自评等级									
有益的经验和做法									
总结反思建议									

等级评定:A.好　　B.较好　　C.一般　　D.有待提高

学习活动 3.2　侧孔 U 形级进模零件的加工

学习目标

知识点：

- 了解级进模凸模长度的设计原则。
- 理解模具零件加工的工艺方法和工艺规程。
- 认识模具材料的热处理工艺。

技能点：

- 会分析级进模零件图。
- 会选择合适的加工工艺方法加工级进模零件。
- 会操作模具零件的加工设备。
- 会正确利用测量工具检测级进模零件。

活动描述

本学习活动是以冲裁 0.3 mm 厚铝件、教学培训用铝制模架的级进模制作为例，对侧孔 U 形级进模各零件进行加工。通过本学习活动的学习，掌握级进模各零件图的识读及模具零件加工工艺分析，重点掌握级进模各零件的加工方法。

知识链接

3.2.1　多工位级进模凸模长度的设计原则

多工位级进模凸模长度的设计原则如下：

①在同一多工位级进模中，由于各凸模冲压加工的性质和工作内容不同，各凸模的长度尺寸也不同，应以上模最长弯曲成形凸模的长度尺寸为基准。同时，结合冲件的料厚、模具工作面积大小、模具工作零件的强度等诸多因素综合考虑。

②凸模应有一定的有效使用长度和足够的刃磨余量。其中，细小凸模因其强度的限制和影响，一般有效工作长度设计较小，并需加护套，因此刃磨余量也相对较少。

如图 3-2-1 所示为使用长度和足够的刃磨余量关系图。其中，图 3-2-1(a)为最长弯曲凸模，图 3-2-1(b)、(c)为同一模具中的一组凸模，I 线表示最后的刃磨极限长度余量。

③在满足各冲压凸模机构的前提下，基准长度应力求最短，一般在 35 ~ 70 mm 选用。

④尽可能选用标准长度凸模，国内外企业均有一定的标准，在凸模的工作长度设计中应充分考虑这一点。

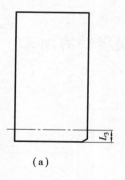
（a）

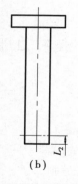
（b）

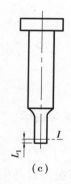
（c）

图 3-2-1　刃磨余量关系图

3.2.2　多工位级进模凹模结构的分类

凹模结构设计比较复杂，既要考虑各工位工作型孔的形状和精度，又要考虑模具加工制造方便和使用寿命等因素，故多工位级进模结构类型较多。

多工位级进模按凹模结构形式可分为 5 大类，见表 3-2-1。

表 3-2-1　多工位级进模按凹模结构形式分类

分类	适用场合	特　点
整体式凹模	在多工位级进模中，不论其凹模的型孔数量有多少，型孔的复杂程度，凹模均设计成一个整体式的结构形式为整体式凹模	1. 设计、制造方便，加工周期短 2. 模具的局部工作强度较其他形式结构的模具好 3. 型孔较多的整体式凹模可能由于部分型孔或局部型孔制造误差导致整个凹模报废 4. 有多种冲压工序的整体式凹模，其尺寸调整和刃磨等较困难，有时甚至无法刃磨
矩形镶拼式凹模	对冲裁形状复杂、公差等级高、尺寸过大或极小的冲件，以及采用普通加工方式无法制造的较高精度要求的模具零件，可采用矩形镶拼式凹模	1. 对于对称型孔，为便于加工，应沿对称轴线分割镶拼，并尽可能变内表面加工为外表面加工 镶拼式凹模 2. 尖角型孔加工困难，尤其是有清角要求的型孔，热处理后易开裂，应在型孔尖角处分隔镶拼 型孔以钝角、直角形拼接的结构形式 （a）　　　　（b） 1—型孔；2—凹模镶拼件

续表

分类	适用场合	特　点
异形镶拼式凹模	在多工位级进模中,对某些细小的冲裁型孔,为了方便加工制造、刃磨及磨损后的更换,而在整体式凹模或其他结构式凹模的局部型孔位置上镶入一个外形为异形、矩形或圆柱形的镶拼式凹模 冲孔镶套 凹模镶块	对部分凹模型孔中难以加工或悬臂较长,受力后易变形、易断裂的部分分割出来,做成单独镶件的形式镶入凹模 凹模　　　　　异形镶件
圆嵌件凹模	凹模镶拼的型孔按冲裁件形状的工艺尺寸要求制作,而外形大多设计成直通式。镶套与固定它的凹模一般采用 H7/k7 或 H7/n6 的配合形式	镶套外形与凹模型孔的相对位置要求应很严格,以保证互换性。圆柱外形镶套在镶入凹模后应加止转定位销或键,以防止发生位移
模块式凹模	模块式凹模是多工位级进模中最常用的结构之一,特别适合于多工位、多工序组合的多工位级进模。它是按一定的工艺要求将凹模分解成若干个拼合模块形式的结构 模块1　模块2　模块3　模块4	1.整个凹模是由若干个模块精加工拼合而成,能保证多工位级进模应达到的工位间距精度要求 2.任一局部型孔的损坏都不会使整个凹模报废 3.由多种冲压工艺组成的凹模必须分解成多模块组合,以便于能刃磨、调整和维修 4.凹模分块后,便于精密机械的加工和测量

3.2.3　工位间距的确定

几乎所有的级进模均采用工位定位方式进行定距,其最常用的配合定距形式有以下两种(见图 3-2-2):

①在一般压力机上采用手工送料时,侧刃作粗定距,导正销作精定距(见图 3-2-2(a))。

②在高速或专用压力机上采用自动送料机构送料作粗定距,导正销作精定距,以实现连续、自动作业(见图3-2-2(b))。导正销定距是首先在料带的第一工位上冲出导正钉孔,从第二工位开始的对应位置上设计导正销孔。一般应在每一工位上都设计导正销孔,以对料带进行导正,严格控制整个料带在模具内送进的相对位置。

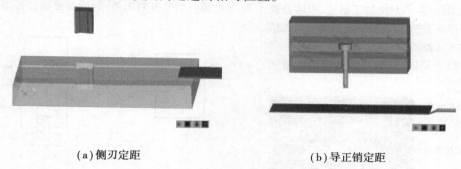

(a)侧刃定距   (b)导正销定距

图 3-2-2   工位定距

3.2.4   导正销的选用

导正销工作部分的形状尺寸是由导正销工作直径决定的。其种类很多,孔径大小不同,形式也不同。

如图 3-2-3 所示的 7 种导正销适用于小孔的导正,是级进模中最常用的形式。

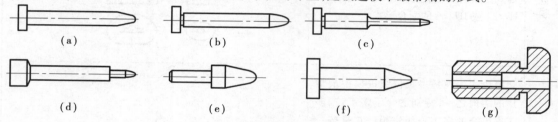

(a)   (b)   (c)

(d)   (e)   (f)   (g)

图 3-2-3   导正销1

如图 3-2-4 所示的 5 种导正销适用于对 $\phi6$ mm 以上大孔的导正,适用于安装在冲切或冲裁凸模上作导正导向,或安装在卸料板上作辅助导向的导正销。

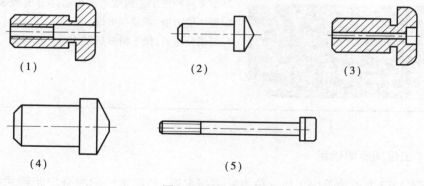

(1)   (2)   (3)

(4)   (5)

图 3-2-4   导正销2

学习实施

（1）制件图分析

侧孔 U 形零件如图 3-2-5 所示。材料为铝件，厚度为 0.3 mm，采用侧孔 U 形级进模冲压成形。其工艺分析见表 3-2-2。

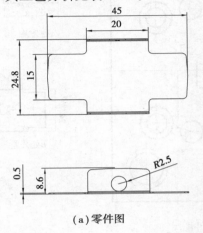

（a）零件图

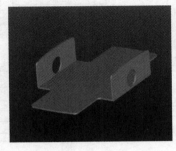

（b）实样图

图 3-2-5　侧孔 U 形件零件图

表 3-2-2　侧孔 U 形零件工艺分析

项　　目	分　　析
零件形状和尺寸	零件为冲孔-落料-弯曲多工序冲压成形零件，形状简单，外形及尺寸的工艺性较好。因工件的形状左右对称但四周有余量，故采用有废料排样的方式
零件精度	冲裁件精度按 GB/T 1804-m
零件材料	该冲裁件为铝件，厚度为 0.3 mm，具有良好的可冲压性能

（2）零件的加工工艺分析及加工

1）上模座

①零件图分析

上模座零件图如图 3-2-6 所示。

上模座为模架的一个组成部分。零件材料为铝板，便于机械加工，主要是周边、上下表面和孔的加工。

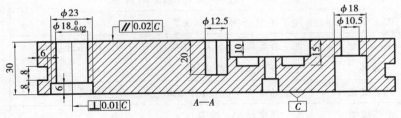

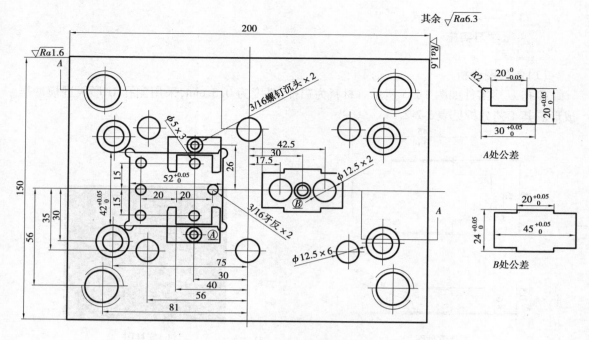

图 3-2-6　上模座零件图

②加工工艺分析

上模座加工工艺见表 3-2-3。

表 3-2-3　上模座加工工艺

工序号	工序名称	工 序 内 容	设 备
1	下料	板材下料 210×160×35	锯床
2	装夹	工件装夹	普通铣床
3	铣削、磨削	铣、磨六面,控制尺寸 200×150×30	普通铣床
4	装夹	工件装夹(分中找正)	普通铣床
5	钻、铣沉头螺钉孔	加工沉头螺钉孔:φ10.5 钻嘴钻孔,φ18 铣刀铣沉孔	普通铣床
6	铣成形针垫板槽	φ8(粗)、φ6(精)铣刀加工成形针垫板槽	普通铣床
7	钻成形针孔	钻成形针孔:φ5 钻嘴	普通铣床
8	钻、铣沉头螺钉孔	加工凸模螺钉孔 3/16:φ5 钻嘴;φ9 铣刀	普通铣床
9	攻牙	加工 3/16 螺纹:φ4.2 钻嘴;3/16 攻牙	普通铣床
10	加工 T 槽	加工 T 槽:直柄 φ20×5 T 刀	普通铣床
11	钻、铰孔	加工导套配孔:φ17.5 钻头,φ18 铰刀铰孔;φ23 铣刀	普通铣床
12	装夹	工件反面装夹(分中找正)	普通铣床
13	铣平底孔	加工 φ12.5 平底孔:φ8 钻嘴,φ12.5 铣刀	普通铣床
14	铣凸模槽	加工凸模槽:φ4 铣刀	普通铣床

③尺寸检测

上模座加工质量检测评分见表3-2-4。

表 3-2-4　零件质量检测评分表

姓名			学号			产品名称	侧孔 U 形级进模	
班级						零件名称	上模座板	
名称	序号	检测项目		配分	评分标准	检测结果	扣分	得分
上模座	1	$200 \times 150 \times 30$			4 分			
	2	$52^{+0.05}_{0}$			4 分			
	3	$42^{+0.05}_{0}$			4 分			
	4	$\phi18^{0}_{-0.03}$			4 分			
	5	$30^{+0.05}_{0}$			4 分			
	6	4 处:$20^{+0.05}_{0}$			4 分			
	7	两处:3/16 螺钉沉头			4 分			
	8	3 处:3/16 牙			3 分			
	9	6 处:$\phi12.5$			4 分			
	10	8 处:56			4 分			
	11	4 处:75			4 分			
	12	4 处:35		按标注公差检验,未标注公差范围的取 $-0.1 \sim +0.1$,在公差值范围内满分,公差范围外0分	4 分			
	13	7 处:30			7 分			
	14	4 处:81			4 分			
	15	4 处:15			4 分			
	16	3 处:$\phi5$			3 分			
	17	5 处:20			5 分			
	18	两处:26			2 分			
	19	$24^{+0.05}_{0}$			4 分			
	20	$45^{+0.05}_{0}$			4 分			
	21	42.5			4 分			
	22	$\phi23$			4 分			
	23	两处:6			2 分			
	24	两处:8			2 分			
	25	$\phi12.5$			2 分			
	26	$\phi10.5$			2 分			
	27	两处:6			2 分			
	28	$\phi18$			2 分			
其他	违反安全文明生产有关规定,酌情扣 2~10 分;出现重大安全事故按零分处理							
总分			教师签名				时间	

2）成形针垫板

①零件图分析

成形针垫板零件图如图 3-2-7 所示。零件材料为铝板。

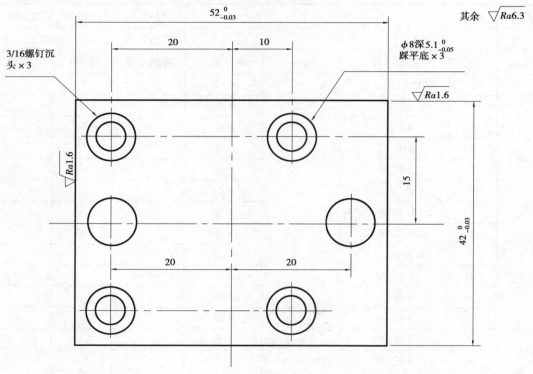

图 3-2-7　成形针垫板零件图

②加工工艺分析

成形针垫板加工工艺见表 3-2-5。

表 3-2-5　成形针垫板加工工艺

工序号	工序名称	工序内容	设备
1	下料	板材下料 60×50×10	锯床
2	装夹	工件装夹（分中找正）	普通铣床
3	铣削	铣六面，控制尺寸 52×42×9	普通铣床
4	铣平底孔	加工平底孔：φ6 钻嘴，φ8 铣刀（精）	普通铣床
5	钻、铣沉头螺钉孔	加工沉头螺钉孔 3/16：φ5 钻嘴；φ8 铣刀	普通铣床

③尺寸检测

成形针垫板加工质量检测评分见表 3-2-6。

表 3-2-6　零件质量检测评分表

姓名			学号			产品名称	侧孔 U 形级进模	
班级						零件名称	成形针垫板	
名称	序号	检测项目		配分	评分标准	检测结果	扣分	得分
成形针垫板	1	$52 \times 42 \times 9$			按标注公差检验,未标注公差范围的取 $-0.1 \sim +0.1$,在公差值范围内满分,公差范围外 0 分	10 分		
	2	$52_{-0.03}^{0}$				10 分		
	3	$42_{-0.03}^{0}$				10 分		
	4	3 处:$\phi 8$ 深 $5.1_{-0.05}^{0}$				15 分		
	5	3 处:3/16 螺钉沉头孔				15 分		
	6	3 处:20				15 分		
	7	4 处:15				20 分		
	8	10				5 分		
其他	违反安全文明生产有关规定,酌情扣 2 ~ 10 分;出现重大安全事故按零分处理							
总分			教师签名				时间	

3)凹模固定板

①零件图分析

凹模固定板零件图如图 3-2-8 所示。

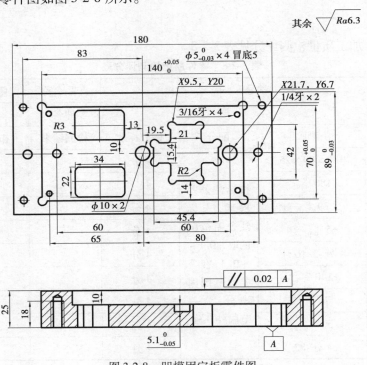

图 3-2-8　凹模固定板零件图

凹模固定板是固定凹模的零件。零件材料为铝板,便于机械加工。先铣削外形尺寸,再按图铣削型孔。最后铣螺钉孔及销钉孔。

②加工工艺分析

凹模固定板加工工艺见表3-2-7。

表3-2-7　凹模固定板加工工艺

工序号	工序名称	工 序 内 容	设 备
1	下料	板材下料 $190 \times 100 \times 28$	锯床
2	装夹	工件装夹	普通铣床
3	铣削	铣六面,控制尺寸 $180 \times 89 \times 25$	普通铣床
4	装夹	工件装夹(分中找正)	CNC 数控机床
5	铣凹槽	加工凹槽: $\phi12$ 铣刀(粗), $\phi8$ 铣刀(精)	CNC 数控机床
6	铣凹模孔	加工凹模孔: $\phi10$ 铣刀(粗), $\phi6$ 铣刀(精)	CNC 数控机床
7	装夹	工件装夹(分中找正)	普通铣床
8	钻孔	加工 $\phi5_{-0.03}^{\ 0}$ 孔: $\phi4$ 钻嘴, $\phi5$ 铣刀(精)	普通铣床
9	铣平底孔	加工平底孔: $\phi6$ 钻嘴, $\phi10$ 平底铣刀(精)	普通铣床
10	攻螺钉孔	加工 3/16 螺钉孔: $\phi4.2$ 钻嘴;3/16 攻牙	普通铣床
11	装夹	工件反面装夹(分中找正)	普通铣床
12	攻螺钉孔	加工 1/4 螺钉孔: $\phi5.2$ 钻嘴,1/4 攻牙	普通铣床

③尺寸检测

凹模固定板加工质量检测评分见表3-2-8。

表3-2-8　零件质量检测评分表

姓名				产品名称	侧孔 U 形级进模		
班级				零件名称	凹模固定板		
名称	序号	检测项目	配分	评分标准	检测结果	扣分	得分
凹模固定板	1	$180 \times 89 \times 25$	按标注公差检验,未标注公差范围的取 $-0.1 \sim +0.1$,在公差值范围内满分,公差范围外0分	4分			
	2	$180_{-0.03}^{\ 0}$		4分			
	3	$89_{-0.03}^{\ 0}$		4分			
	4	$\phi5_{-0.03}^{\ 0} \times 4$		4分			
	5	4 处:3/16 牙		4分			
	6	$140_{0}^{+0.05}$		4分			
	7	$70_{0}^{+0.05}$		4分			
	8	$5.1_{-0.05}^{\ 0}$		4分			
	9	4 处:83		4分			

姓名			学号			产品名称	侧孔U形级进模	
班级						零件名称	凹模固定板	
名称	序号	检测项目		配分	评分标准	检测结果	扣分	得分
凹模固定板	10	4处:34.5			4分			
	11	7处:30			4分			
	12	两处:60			4分			
	13	4处:65			4分			
	14	4处:80		按标注公差检验,未标注公差范围的取−0.1~+0.1,在公差值范围内满分,公差范围外0分	4分			
	15	两处:1/4牙			4分			
	16	两处:ϕ10			4分			
	17	4处:21			4分			
	18	两处:22			4分			
	19	两处:34			4分			
	20	两处:15.4			4分			
	21	45.4			4分			
	22	42			4分			
	23	18			4分			
	24	25			4分			
	25	10			4分			
其他	违反安全文明生产有关规定,酌情扣2~10分;出现重大安全事故按零分处理							
总分			教师签名				时间	

4)下模座

①零件图分析

下模座零件图如图3-2-9所示。

下模座是固定、支承的零件,将下模部分固定在冲床平台上,材料为铝板,铣削外形尺寸,再钻销钉孔及落料孔。

②加工工艺分析

下模座加工工艺见表3-2-9。

表3-2-9 下模座加工工艺

工序号	工序名称	工序内容	设备
1	下料	板材下料210×160×28	锯床
2	装夹	工件装夹	普通铣床

续表

工序号	工序名称	工序内容	设备
3	铣、磨削	铣、磨六面:控制尺寸 200×150×25	普通铣床
4	装夹	工件装夹(分中找正)	普通铣床
5	铣凹槽、通槽	加工凹槽、通槽:φ10 铣刀(粗),φ8 铣刀(精)	普通铣床
6	钻孔	加工通孔:φ8 钻嘴	普通铣床
7	钻平底孔	加工平底孔:φ12 钻嘴,φ16 平底铣刀	普通铣床
8	钻 1/4 螺钉过孔	加工 1/4 螺钉过孔:φ6 钻嘴	普通铣床
9	钻导柱配孔通孔	加工导柱配孔通孔:φ11.8 钻嘴,φ12 铰刀	普通铣床
10	铣 T 槽	加工 T 槽:直柄 φ20×5 T 刀	普通铣床
11	装夹	工件反面装夹(分中找正)	普通铣床
12	铣 1/4 螺钉沉孔	加工 1/4 螺钉沉头孔:φ8 铣刀	普通铣床
13	铣导柱配孔沉孔	加工导柱配孔沉孔:φ16 铣刀	普通铣床

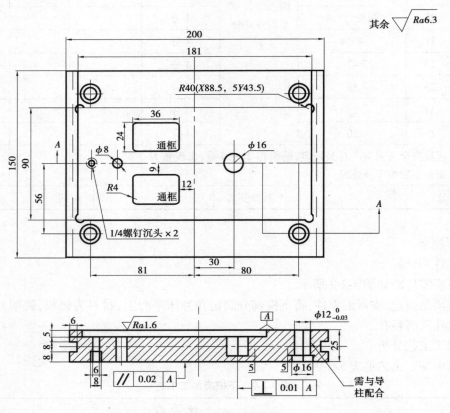

图 3-2-9　下模座零件图

③尺寸检测

下模座加工质量检测评分见表 3-2-10。

表 3-2-10　零件质量检测评分表

姓名			学号			产品名称	侧孔 U 形级进模	
班级						零件名称	下模座板	
名称	序号	检测项目		配分	评分标准	检测结果	扣分	得分
下模座板	1	$200 \times 150 \times 25$			10 分			
	2	$\phi12_{-0.03}^{\ 0}$			5 分			
	3	两处:21			10 分			
	4	181			5 分			
	5	两处:1/4 螺钉沉头		按标注公差检验,未标注公差范围的取 $-0.1 \sim +0.1$,在公差值范围内满分,公差范围外 0 分	10 分			
	6	4 处:56			10 分			
	7	4 处:81			10 分			
	8	两处:8 ·			5 分			
	9	3 处:5			5 分			
	10	90			5 分			
	11	$\phi8$			5 分			
	12	$\phi16$			5 分			
	13	24			5 分			
	14	35			5 分			
	15	6			5 分			
其他	违反安全文明生产有关规定,酌情扣 2 ~ 10 分;出现重大安全事故按零分处理							
总分			教师签名				时间	

5)卸料板

①零件图分析

卸料板零件图如图 3-2-10 所示。

卸料板是将冲裁后卡在凸模上的板料卸掉,保证下次冲压正常进行。材料为铝板,与上模部分配钻螺钉孔。

②加工工艺分析

卸料板加工工艺见表 3-2-11。

表 3-2-11　卸料板加工工艺

工序号	工序名称	工序内容	设备
1	下料	板材下料 $190 \times 100 \times 15$	锯床
2	装夹	工件装夹	普通铣床
3	铣、磨削	铣、磨加工:控制尺寸 $180 \times 89 \times 12$	普通铣床

续表

工序号	工序名称	工序内容	设备
4	装夹	工件装夹(分中找正)	普通铣床
5	铣凸模孔	加工凸模孔:φ8 铣刀(粗),φ6 铣刀(精)	CNC 数控机床
6	装夹	工件装夹(分中找正)	普通铣床
7	钻孔	加工成形针孔:φ6 钻嘴	普通铣床
8	钻铣平底孔	加工平底孔 φ12.5:φ8 钻嘴,φ12.5 铣刀	普通铣床
9	攻牙	加工 M8 螺钉孔:φ6.8 钻嘴,M8 攻牙	普通铣床
10	装夹	工件反面装夹(分中找正)	普通铣床
11	铣平底孔	加工平底孔 φ6:φ4 钻嘴,φ6 铣刀	普通铣床

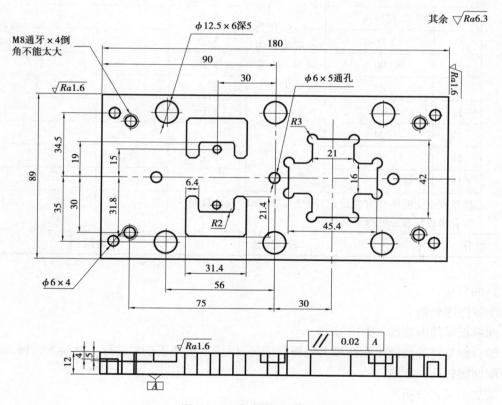

图 3-2-10　卸料板零件图

③尺寸检测

卸料板加工质量检测评分见表 3-2-12。

表 3-2-12　零件质量检测评分表

姓名				学号		产品名称	侧孔 U 形级进模		
班级						零件名称	卸料板		
名称	序号	检测项目		配分	评分标准	检测结果	扣分	得分	
卸料板	1	$180 \times 89 \times 12$			8 分				
	2	M8 通牙 ×4			8 分				
	3	$\phi 12.5 \times 6$			6 分				
	4	$\phi 6 \times 4$			8 分				
	5	4 处:34.5			8 分				
	6	7 处:30			7 分				
	7	6 处:35			6 分				
	8	4 处:75			6 分				
	9	4 处:83			6 分				
	10	4 处:56		按标注公差检验,未标注公差范围的取 $-0.1 \sim +0.1$,在公差值范围内满分,公差范围外 0 分	6 分				
	11	$\phi 6 \times 5$ 通孔			5 分				
	12	42			2 分				
	13	45.4			2 分				
	14	21			2 分				
	15	16			2 分				
	16	15			2 分				
	17	19			2 分				
	18	31.4			2 分				
	19	21.4			2 分				
	20	31.8			2 分				
	21	6.4			2 分				
	22	12			2 分				
	23	4			2 分				
	24	5			2 分				
其他	违反安全文明生产有关规定,酌情扣 2 ~ 10 分;出现重大安全事故按零分处理								
总分			教师签名				时间		

6）推件块加工

①零件图分析

推件块零件图如图 3-2-11 所示。

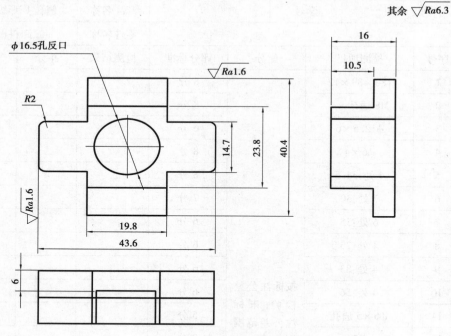

图 3-2-11 推件块零件图

将成品从凹模中卸下,压力机的横梁通过打杆把推件力传递到推件板上,从而将制件推出凹模,其材料为铝件。

②加工工艺分析

推件块加工工艺见表 3-2-13。

表 3-2-13 推件块加工工艺

工序号	工序名称	工序内容	设备
1	下料	板材下料 55×50×20	锯床
2	装夹	工件装夹	普通铣床
3	铣、磨削	铣、磨六面:控制尺寸 43.6×40.4×16	普通铣床
4	装夹	工件装夹(分中找正)	普通铣床
5	铣平面	加工对称平面:φ10 铣刀	普通铣床
6	装夹	工件装夹(分中找正)	普通铣床
7	钻、铣弹簧孔	加工弹簧孔:12 钻嘴,φ16.5 铣刀	普通铣床

③尺寸检测

推件块加工质量检测评分见表 3-2-14。

表 3-2-14　零件质量检测评分表

姓名			学号			产品名称	侧孔 U 形级进模	
班级						零件名称	推件块	
名称	序号	检测项目		配分	评分标准	检测结果	扣分	得分
推件块	1	43.6×40.4×16			10 分			
	2	$\phi16.5$			10 分			
	3	43.6		按标注公差检验，未标注公差范围的取 -0.1 ~ +0.1，在公差值范围内满分，公差范围外 0 分	10 分			
	4	40.4			10 分			
	5	23.8			10 分			
	6	14.7			10 分			
	7	10.5			10 分			
	8	16			10 分			
	9	6			10 分			
	10	4 处:R2			10 分			
其他	违反安全文明生产有关规定,酌情扣 2 ~ 10 分;出现重大安全事故按零分处理							
总分			教师签名			时间		

7)凹模

①零件图分析

侧孔 U 形级进模凹模零件图如图 3-2-12 所示。

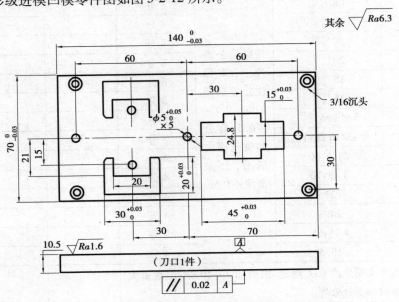

图 3-2-12　侧孔 U 形级进模凹模零件图

凹模是成形零件,主要承受冲裁力。材料为 45 号钢,热处理淬火。淬火前,铣削外形尺寸,并与下模座配钻孔。

②加工工艺分析

级进模凹模加工工艺见表 3-2-15。

表 3-2-15　凹模加工工艺

工序号	工序名称	工 序 内 容	设 备
1	下料	板材下料 150×80×14	锯床
2	铣、磨削	铣、磨六面:控制尺寸 140×70×10.5	普通铣床
3	钻、铣孔	加工 3/16 螺钉沉头孔:$\phi 5$ 钻嘴,$\phi 8$ 铣刀	普通铣床
4	钻、铰孔	钻、铰孔,控制尺寸 5 处 $\phi 5^{+0.03}_{0}$:$\phi 4.8$ 钻嘴,$\phi 5$ 铰刀	普通铣床
5	铣十字槽、U 形槽	加工十字槽、U 形槽:$\phi 4$ 铣刀,留割余量单边 2 mm	普通铣床
6	热处理	淬火硬度:50~55HRC	淬火炉
7	线割工作面	线割工作面:单边留磨余量 0.2 mm	线切割机
8	粗磨、精磨工作面	粗磨、精磨工作面:单边留研磨余量 0.02 mm	工具磨条
9	研磨	研磨工作面至最终尺寸	钳工

③尺寸检测

凹模加工质量检测评分见表 3-2-16。

表 3-2-16　零件质量检测评分表

姓名			学号			产品名称	侧孔 U 形级进模	
班级						零件名称	凹模	
名称	序号	检测项目		配分	评分标准	检测结果	扣分	得分
上模座板	1	140×70×10.5			8 分			
	2	$140^{0}_{-0.03}$			8 分			
	3	$70^{0}_{-0.03}$			8 分			
	4	$30^{+0.03}_{0}$			8 分			
	5	$20^{+0.03}_{0}$			8 分			
	6	$15^{+0.03}_{0}$		按标注公差检验,未标注公差范围的取 -0.1~+0.1,在公差值范围内满分,公差范围外 0 分	8 分			
	7	$45^{+0.03}_{0}$			8 分			
	8	5 处:$\phi 5^{+0.03}_{0}$			8 分			
	9	4 处:3/16 螺钉沉头			8 分			
	10	两处:60			4 分			
	11	3 处:70			4 分			
	12	21			4 分			
	13	24.8			4 分			
	14	4 处:65			8 分			
	15	10.5			4 分			
其他	违反安全文明生产有关规定,酌情扣 2~10 分;出现重大安全事故按零分处理							
总分			教师签名				时间	

8）凸模

①零件图分析

凸模零件图如图3-2-13所示。

凸模是成形零件，材料为45号钢，热处理淬火。

其余 $\sqrt{Ra6.3}$

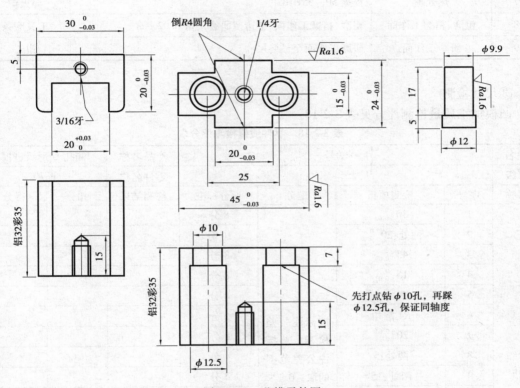

图3-2-13　凸模零件图

②加工工艺分析

凸模加工工艺见表3-2-17。

表3-2-17　凸模加工工艺

工序号	工序名称	工序内容	设备
1	下料	下料 $40 \times 40 \times 30$；$55 \times 40 \times 34$；$\phi15 \times 30$	锯床
2	装夹	装夹；卡盘装夹	普通铣床、普通车床
3	铣削、磨削、车削	1. 铣、磨六面，控制尺寸 $32 \times 30 \times 20$；$45 \times 32 \times 24$，$R4$，单边留余量 $0.2\ mm$ 2. 车外圆端面 $\phi10 \times 22$，外圆留余量 $0.15\ mm$	普通铣床、普通车床
4	装夹	装夹（分中找正）；卡盘装夹	普通铣床、普通车床

147

续表

工序号	工序名称	工序内容	设备
5	铣槽、钻孔	1. 加工槽:控制尺寸20,单边留余量0.1 mm 2. 加工沉头孔:10 钻嘴;φ12.5 铣刀	普通铣床
6	攻牙	1. 加工 3/16 螺钉孔:φ4.2 钻嘴;3/16 攻牙 2. 加工 1/4 螺钉孔:φ5.2 钻嘴;1/4 攻牙	普通铣床
7	热处理	淬火 50~55HRC	淬火炉
8	粗磨、精磨工作面	粗磨、精磨工作面:单边留研磨余量 0.02 mm	工具磨条
9	研磨工作面	研磨工作面至最终尺寸	钳工

③尺寸检测

凸模加工质量检测评分见表3-2-18。

表 3-2-18 零件质量检测评分表

姓名		学号			产品名称	侧孔 U 形级进模	
班级					零件名称	凸模	
名称	序号	检测项目	配分	评分标准	检测结果	扣分	得分
凸模	1	$30_{-0.03}^{0}$		8分			
	2	两处:$20_{-0.03}^{0}$		10分			
	3	$45_{-0.03}^{0}$		8分			
	4	$15_{-0.03}^{0}$		8分			
	5	$24_{-0.03}^{0}$		8分			
	6	$R4$ 圆角	按标注公差检验,未标注公差范围的取 -0.1~+0.1,在公差值范围内满分,公差范围外0分	6分			
	7	$20_{0}^{+0.03}$		8分			
	8	两处:5		4分			
	9	两处:15		4分			
	10	3/16 牙		4分			
	11	1/4 牙		4分			
	12	25		4分			
	13	φ10		4分			
	14	φ12.5		4分			
	15	7		4分			
	16	17		4分			
	17	φ9.9		4分			
	18	φ12		4分			
其他	违反安全文明生产有关规定,酌情扣 2~10分;出现重大安全事故按零分处理						
总分			教师签名			时间	

学习巩固

一、填空题

1. 多工位级进模凹模结构设计比较复杂,既要考虑各工位工作型孔的_____,又要考虑模具加工制造_____等因素,故多工位级进模结构类型较多。

2. 多工位级进模按凹模结构形式,可分_____、_____、_____、_____及_____ 5 大类。

3. 在一般压力机上采用_____送料时,_____作粗定距,_____作精定距。

4. 在高速或专用压力机上采用_____送料作粗定距,导正销作精定距,以实现连续、自动作业。

5. 导正销定距是首先在料带的_____上冲出导正钉孔,从_____开始的对应位置上设计导正销孔。

6. 导正销工作部分的形状尺寸是由导正销_____决定的。

7. 在满足各冲压凸模机构的前提下,基准长度应力求_____。

8. 几乎所有的级进模均采用_____定位方式进行定距。

9. 一般应在每一工位上都设计_____销孔,以对料带进行导正。

10. 冲裁是_____生产的主要工序之一。

二、选择题

1. 在满足各冲压凸模机构的前提下,基准长度应力求最短,一般在(　　　)选用。

A. 20 ~ 35 mm　　　　B. 35 ~ 70 mm　　　　C. 70 ~ 85 mm　　　　D. 85 ~ 100 mm

2. 下列不属于整体式凹模特点的是(　　　)。

A. 设计、制造方便　　　　　　　　B. 模具的局部工作强度较其他形式结构的模具好

C. 加工周期短　　　　　　　　　　D. 加工周期长

3. (　　　)能保证多工位级进模应达到的工位间距精度要求。

A. 整体式凹模　　　　　　　　　　B. 模块式凹模

C. 矩形镶拼式凹模　　　　　　　　D. 异形镶拼式凹模

4. 如图 3-2-14 所示的 5 种导正销适用于对(　　　)mm 以上大孔的导正。

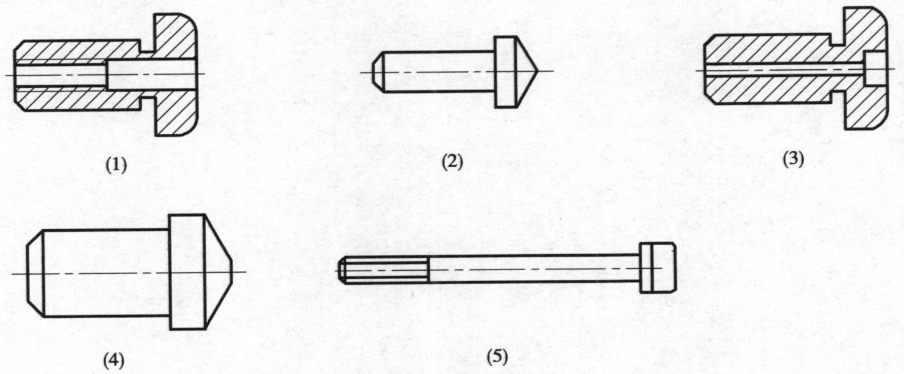

(1)　　　　　　　　　　(2)　　　　　　　　　　(3)

(4)　　　　　　　　　　(5)

图 3-2-14　导正销

A. ϕ4　　　　　　B. ϕ5　　　　　　C. ϕ6　　　　　　D. ϕ7

5. 导正销工作部分的形状尺寸是由导正销工作（　　　）决定的。

A. 直径　　　　　　B. 半径　　　　　　C. 长度　　　　　　D. 形式

三、简答题

1. 如何选用导正销？

2. 如何确定工位间距？

3. 如何设计凸模的工作长度？

4. 模块式凹模的特点是什么？

5. 整体式凹模的特点是什么？

四、综合训练

完成如图 3-2-6—图 3-2-13 所示的铝制模架侧孔 U 形级进模模具零件的加工。

学习评价

学习评价自评表

班级		姓名		学号		日期		年　月　日		
评价指标	评价要素				权重	等级评定				
						A	B	C	D	
信息检索	能有效利用网络资源、工作手册查找有效信息				5%					
	能用自己的语言有条理地去解释、表述所学知识				5%					
	能对查找到的信息有效转换到工作中				5%					
感知工作	是否熟悉你的工作岗位,认同工作价值				5%					
	在工作中,是否获得满足感				5%					
参与状态	与教师、同学之间是否相互尊重、理解、平等				5%					
	与教师、同学之间是否能够保持多向、丰富、适宜的信息交流				5%					
	探究学习,自主学习不流于形式,处理好合作学习和独立思考的关系,做到有效学习				5%					
	能提出有意义的问题或能发表个人见解;能按要求正确操作;能够倾听、协作分享				5%					
	积极参与,在产品加工过程中不断学习,综合运用信息技术的能力提高很大				5%					
学习方法	工作计划、操作技能是否符合规范要求				5%					
	是否获得了进一步发展的能力				5%					
工作过程	遵守管理规程,操作过程符合现场管理要求				5%					
	平时上课的出勤情况和每天完成工作任务情况				5%					
	善于多角度思考问题,能主动发现、提出有价值的问题				5%					
思维状态	是否能发现问题、提出问题、分析问题、解决问题、创新问题				5%					
自评反馈	按时按质完成工作任务				5%					
	较好地掌握了专业知识点				5%					
	具有较强的信息分析能力和理解能力				5%					
	具有较为全面、严谨的思维能力,并能条理明晰、表述成文				5%					
自评等级										
有益的经验和做法										
总结反思建议										

等级评定:A. 好　　B. 较好　　C. 一般　　D. 有待提高

学习活动3.3　侧孔U形级进模的装配与调试

学习目标

知识点：

- 理解级进模的装配顺序和步骤。
- 理解级进模的调试内容和要求。
- 理解级进模调试的注意事项。
- 理解级进模试冲时的常见故障、原因和调整方法。

技能点：

- 会装配级进模。
- 能在冲床上安装、调试级进模。

活动描述

本学习活动是要了解和掌握侧孔U形级进模的装配、调试和工作原理。通过本学习活动的学习，重点掌握U形级进模的装配工艺过程、方法及工作零件的装配、固定方法。

知识链接

3.3.1　级进模装配的顺序

多工位级进模装配一般采取局部分装、总装组合的方法，即首先化整为零。首先装配凹模固定板、凸模固定板和卸料镶块固定板等重要部件，然后进行模具总装，先装下模部分，后装上模部分，最后调整好模具间隙和步距精度。

3.3.2　级进模的调试内容与要求

级进模的调试内容与要求如下：

①冲模能顺利地安装到指定的压力机上。

②用指定的坯料，能稳定地在模具上顺利地冲压出合格的制品。

③检查冲压出来的制品质量，检查是否符合制品图样要求。若发现制品零件存在缺陷，应分析其产生缺陷的原因，并设法对冲模进行修正和调试，直到能生产出一批完全符合图样要求的零件为止。

④通过试模，为工艺部门提供编制模具批量生产制品时工艺规程的依据。

⑤在试模时，应排除影响生产、安全、质量及操作等各种不利因素，使模具能达到稳定、批量生产的目的。

3.3.3 级进模调试的注意事项

级进模调试的注意事项如下：

①试模时所用的板材，其牌号与力学性能制品图样上所规定的各项要求，一般不得代用。

②试模所用的条料宽度应符合工艺规程所规定的要求。如连续模其试模所用的条料宽度要比两导板料之间的间隔距离小 0.1~0.15 mm 为宜。

③试模时，冲模应在所要求的指定设备上使用。在安装冲模时，一定要安装牢固，绝不可松动。

④冲模在调试前，首先要对冲模进行一次全面检查，对活动部位进行润滑，检查卸料、顶件结构是否动作灵活。

⑤试模开始的首件应仔细进行检查。若发现模具动作不正常或首件不合格时，应立即停机。

⑥试模后的制品零件一般应不少于 20 件，并妥善保存，一边作为交付模具的依据。

⑦分析问题一定要准确，最好使用排除法，在错误的分析上进行修模只会使模具问题更多。

⑧冲模问题如没解决一般会连续存在，因此，有必要集中多个制件进行分析，不能以偏概全。

⑨对于修模必须慎重，必须考虑到衍生问题的发生，需多个方案进行比较、分析，选择最佳方案。

3.3.4 级进模试模的实施步骤

级进模的试模须按以下实施步骤进行：

（1）模具检查工作

①熟悉模具结构和工作原理，通过图纸对照模具，熟悉模具有多少工步和每一个工步的冲压内容，其退料系统和顶件系统采用何种结构。

②检查模具安装条件。测量模具的高度，查看冲压力，确认是否适合该冲压机。

③检查模具结构是否完整，冲裁刃口是否锋利，脱料机构、顶件机构是否活动正常，各导正零件是否正常，上下模导动是否顺畅。

④检查模具表面，不得有铁屑和毛刺。

⑤检查模具工具和附件是否齐全。

（2）冲压机检查工作

①连接气源，打开电源总闸，检查气压是否正常，检查各润滑点润滑是否正常。

②启动冲压机，试运行 3~5 min，检查冲压机离合器、制动器、光电保护器是否正常，急停按钮是否正常。同时，听设备是否有异常声音，或有异常气味。

③清洁工作台面，不得有油污和铁屑。

（3）装模

①将冲压机滑块调至下止点，将滑块连杆长度调至合适位置（滑块高度大于模具高度）。

②将模具装上工作台，注意安全，防止模具跌落造成安全事故。

③将冲压机滑块下调使滑块表面严密接触模具上表面。

④用压板分别固定上、下模,检查模具是否有松动。

⑤将滑块高度上调,使滑块在最低点是上模与下模仍然有 3 mm 左右距离。

（4）试模

①启动冲压机空运行,检查模具导正系统是否正常。

②以试模材料等厚度的纸片作为调试材料,大致调整模具冲压高度。

③将冲压机模式调整在单次模式,以实际材料进行试冲。试冲时以手工送料,每送一步检查一次,直至送到最后一次。如遇问题,需及时停机检查。如果问题不影响模具安全,则可继续送料;如果问题会影响模具安全则需停机拆模,解决问题后才可继续试模。

④分析制件,对比产品测量制件,并作记录。

⑤填写试模报告,记录试模中出现的问题。

（5）**卸下模具**

①卸下模具、关电源总闸,关气。

②清洁冲压机,清点工具,机床工作表面加机械油防锈。

③清洁模具,加机械油防锈。

④清洁场地。

学习实施

（1）**装配侧孔 U 形级进模**

侧孔 U 形级进模的装配过程见表 3-3-1。

表 3-3-1　侧孔 U 形级进模的装配过程

序号	零件名称	实物图	使用工具	备　注
1	下模座		手工	取出下模座准备装配
2	导柱		铜棒	使用铜棒将导柱敲入下模座
3	推件块弹簧		手工	把推件块弹簧放入下模座中

序号	零件名称	实物图	使用工具	备　注
4	推件块		手工	把推件块弹簧放在弹簧上
5	凹模固定板		手工	取出凹模固定板准备装配
6	定位销		铜棒	使用铜棒把定位销敲入凹模固定板
7	凹模		手工	取出凹模准备装配
8	挡料销		铜棒	使用铜棒把挡料销敲入凹模
9			手工	把步骤 8 完成的装配放入步骤 5 完成的装配

续表

序号	零件名称	实物图	使用工具	备注
10	凹模固定螺钉		内六角扳手	使用内六角扳手把固定螺钉拧入凹模固定板
11			手工	把步骤10完成的装配放入步骤4完成的装配
12	凹模固定板固定螺钉		内六角扳手	使用内六角扳手把固定螺钉拧入凹模固定板
13	定位销		铜棒	使用铜棒把定位销敲入凹模固定板,下模装配完毕
14	上模座		手工	取出上模座准备装配

序号	零件名称	实物图	使用工具	备　注
15	导套		手动压力机	使用手动压力机把导柱压入上模板
16	弹簧		手工	把弹簧装入上模板
17	弯曲凸模		手工	取出弯曲凸模准备装配
18	推件杆		手工	把推件杆装入弯曲凸模中
19			手工	把步骤 18 完成的装配放入步骤 15 完成的装配
20	固定螺钉		内六角扳手	使用内六角扳手固定弯曲凸模
21	凸模		手工	把凸模放入上模座中

续表

序号	零件名称	实物图	使用工具	备　注
22	固定螺钉		内六角扳手	使用内六角扳手固定凸模
23	冲针		铜棒	使用铜棒把冲针敲入上模座
24	冲针垫板		手工	把冲针垫板放入上模座中
25	固定螺钉		内六角扳手	使用内六角扳手把固定螺钉拧入上模座
26	弹簧		手工	把弹簧放入上模座中
27	卸料板		手工	把卸料板放在装入弹簧的上模座上

续表

序号	零件名称	实物图	使用工具	备　注
28	限位螺钉		内六角扳手	使用内六角扳手把限位螺钉拧入上模座,上模装配完毕
29			铜棒	把步骤 13 完成的下模部分装配到步骤 28 装完成的上模部分

(2)级进模试模时常见的故障、原因和处理方法

级进模试模时常见的故障、原因和处理方法见表 3-3-2。

表 3-3-2　级进模试模时常见的故障、原因和处理方法

序号	常见故障	产生原因	调整方法
1	工件的形状和尺寸不正确	凸模与凹模的形状及尺寸不正确	首先将凸模和凹模的形状及尺寸修准,然后调整冲模的合理间隙
2	工件的剪切断面的光亮带太宽,甚至出现双光亮带及毛刺	冲裁间隙太小	适当放大冲裁间隙,放大的办法是用油石仔细修磨凹模及凸模刃口
3	冲裁件的剪切断面的圆角太大,甚至出现拉长的毛料	冲裁间隙太大	适当减小冲裁间隙,减小的办法是重新更换加大了尺寸的凸模或将凹模加热至 800 ℃左右,用淬硬压柱压之刃口后,再将其进行正常化处理,以消除热压后材料内部产生的组织应力和热应力,然后重新精加工凹模孔
4	冲裁件的剪切断面的光亮带宽窄不均	冲裁间隙不均匀	修磨或重装凸模与凹模,使冲裁间隙均匀,冲模重新装配后仍有局部不均的地方,对于间隙小的部位应采用油石进行修磨,使间隙加大;对于间隙大的部位应采用加补偿块法或局部热压法,使其间隙变小
5	凹模被胀裂	凹模孔有倒锥度现象(上口大下口小)	用风动砂轮机修磨凹模孔,消除倒锥现象

 学习巩固

一、填空题

1. 试模时所用的板材,其牌号与力学性能制品图样上所规定的_____,一般不得代用。

2. 试模所用的条料宽度应符合_____所规定的要求。如连续模其试模所用的条料宽度要比两导板料之间的间隔距离小_____为宜。

3. 试模时,冲模应在所要求的_____上使用。在安装冲模时,一定要安装_____,绝不可松动。

4. 冲模在调试前,首先要对冲模进行一次_____,对活动部位进行_____,检查卸料、顶件结构_____动作灵活。

5. 试模开始的_____应仔细进行检查。若发现模具动作不正常或首件不合格时,应立即_____。

6. 试模后的制品零件一般应_____20 件,并妥善保存,一边作为交付模具的依据。

7. 分析问题一定要准确,最好使用_____,在错误的分析上进行修模只会使模具问题更多。

8. 冲模问题如没解决一般会连续存在,因此,有必要_____多个制件进行分析,不能_____。

9. 对于修模必须_____,必须考虑到_____问题的发生,需多个方案进行比较、分析,选择_____。

10. 多工位级进模装配一般采取_____、_____的方法,即首先_____。首先装配_____、_____和_____等重要部件,然后进行模具总装,先装_____部分,后装_____部分,最后调整好_____和_____。

二、简答题

1. 级进模装配顺序一般如何选择?

2. 级进模调试内容与要求有哪些?

3. 级进模调试注意事项是什么?

4. 级进模试模的实施步骤有哪些?

三、综合训练

按表 3-3-1 完成铝制模架侧孔 U 形级进模的装配,并在冲床上安装调试合格。

学习评价

学习评价自评表

班级		姓名		学号		日期		年　月　日	
评价指标	评价要素				权重	等级评定			
						A	B	C	D
信息检索	能有效利用网络资源、工作手册查找有效信息				5%				
	能用自己的语言有条理地去解释、表述所学知识				5%				
	能对查找到的信息有效转换到工作中				5%				
感知工作	是否熟悉你的工作岗位,认同工作价值				5%				
	在工作中,是否获得满足感				5%				
参与状态	与教师、同学之间是否相互尊重、理解、平等				5%				
	与教师、同学之间是否能够保持多向、丰富、适宜的信息交流				5%				
	探究学习,自主学习不流于形式,处理好合作学习和独立思考的关系,做到有效学习				5%				
	能提出有意义的问题或能发表个人见解;能按要求正确操作;能够倾听、协作分享				5%				
	积极参与,在产品加工过程中不断学习,综合运用信息技术的能力提高很大				5%				
学习方法	工作计划、操作技能是否符合规范要求				5%				
	是否获得了进一步发展的能力				5%				
工作过程	遵守管理规程,操作过程符合现场管理要求				5%				
	平时上课的出勤情况和每天完成工作任务情况				5%				
	善于多角度思考问题,能主动发现、提出有价值的问题				5%				
思维状态	是否能发现问题、提出问题、分析问题、解决问题、创新问题				5%				
自评反馈	按时按质完成工作任务				5%				
	较好地掌握了专业知识点				5%				
	具有较强的信息分析能力和理解能力				5%				
	具有较为全面、严谨的思维能力,并能条理明晰、表述成文				5%				
自评等级									
有益的经验和做法									
总结反思建议									

等级评定：A.好　　B.较好　　C.一般　　D.有待提高

参考文献

［1］廖圣洁.模具拆装调试与维护［M］.北京:中国劳动社会保障出版社,2008.

［2］祁红志.模具制作工艺［M］.2 版.北京:化学工业出版社,2015.

［3］谢力志.模具拆装及成型实训教程［M］.杭州:浙江大学出版社,2011.

［4］刘晓芬.模具拆装与模具制造项目式实训教程［M］.北京:电子工业出版社,2013.